Sitzungsberichte
der Akademie der Wissenschaften
der DDR
Mathematik - Naturwissenschaften - Technik

1N
1976

Umweltproblemanalysen

Mensch und Kulturpflanze

AKADEMIE - VERLAG · BERLIN

Sitzungsberichte
der Akademie der Wissenschaften der DDR Jahrgang 1976 · Nr. 1/N
Mathematik — Naturwissenschaften — Technik

Umweltproblemanalysen – Mensch und Kulturpflanze

AKADEMIE-VERLAG · BERLIN
1976

Vorträge von Prof. Dr. Hans-Albrecht Freye
und Dr. Otto Auersch gehalten vor der Klasse
Umweltschutz und Umweltgestaltung
am 27. Februar und 20. März 1975

Herausgegeben im Auftrage des
Präsidenten der Akademie der
Wissenschaften der DDR von
Vizepräsident Prof. Dr. Heinrich Scheel

Erschienen im Akademie-Verlag, 108 Berlin, Leipziger Straße 3/4

Lizenznummer: 202 · 100/167/76
Gesamtherstellung: VEB Druckhaus Köthen
Bestellnummer: 753 054 3 (2010/76/1/N) · LSV 1315
Printed in GDR
EVP 4,–

Inhalt

Hans-Albrecht Freye

Problemanalyse der embryotoxischen, teratogenen und mutagenen Gefährdung des Menschen

Das Ökosystem als Beziehungsgefüge der Lebewesen untereinander und mit ihrem Lebensraum weist als Hauptfunktion einen mit dem Kreislauf der Stoffe verbundenen Energiefluß auf. Seine physikalischen, chemischen und biologischen Strukturen bedingen das Wechselverhältnis von Aktion (Einwirkung der Umweltfaktoren auf die Organismen), Reaktion (aktive und passive Einwirkung der Organismen auf die Umwelt) und Interaktion (interorganismische Beziehungen).

Für den heutigen Menschen hat das Ökosystem die konstruktive Rolle, die es in der Evolution für die Menschwerdung gespielt hat, verloren. Der Mensch vermochte sich nicht nur den unterschiedlichsten Umwelten anzupassen und alle möglichen ökologischen Nischen zu erobern, sondern hat in vielfältiger Weise auch die Umwelten sich selber angepaßt. Damit hat sich der Mensch zwar von den Zwängen seiner unmittelbaren Umwelt emanzipiert, dennoch ist er als Mitglied eines Ökosystems auf die ökosystemischen Ressourcen (Rohstoffe, Lebensmittel, Erholungsräume) angewiesen. Mit der Unabhängigkeit wächst aber im dialektischen Sinne die Interdependenz zwischen Ökosystem und dem soziokulturellen System (vgl. MORIN 1973). Dabei ist für die Menschwerdung das Ökosystem in langen Zeiträumen durch die natürliche Auslese in Verbindung mit Mutation und Rekombination für den Gesamtbestand der Gene in sich geschlossener Populationen, also für das „Genetische System" des Menschen, von konstruktiver und kontrollierender Bedeutung gewesen. Das genetische System wiederum determiniert und kontrolliert das „Zerebrale System" (vgl. Abb. 1), unter welchem Begriff nicht nur das Gehirn schlechthin, sondern auch die Traditionsfähigkeit, der hohe Grad von Intelligenz, die Steigerung der Erinnerungsfähigkeit, angeborene Lerndispositionen, Werkzeugdenken und Wortsprache verstanden sein mögen. Diese spezifisch menschlichen Signa sind für die kulturell-soziologische Komplexität des Menschen unabdingbare Voraussetzungen. Das soziokulturelle System realisiert nun wiederum die Möglichkei-

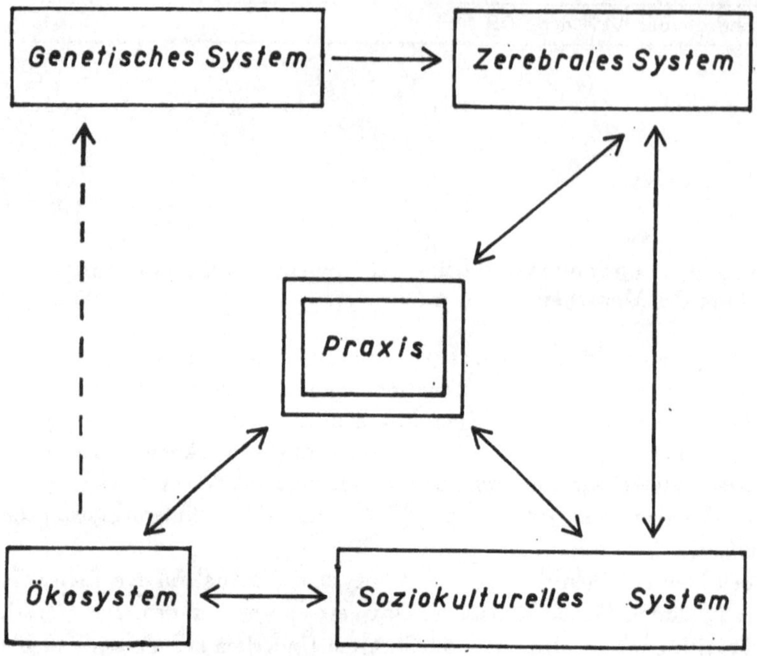

Abb. 1 Beziehungsgefüge zwischen Ökosystem, genetischem, zerebralem und soziokulturellem System.
Wegen der unterschiedlichen Zeitebenen ist der Determinationspfeil vom Ökosystem zum genetischen System unterbrochen gezeichnet. (Im Anschluß an MORIN, 1973)

ten des zerebralen Systems, modifiziert das Ökosystem und wird selbst zum Evolutionsfaktor.

Dieses multipolare Schema macht deutlich, daß die menschliche Praxis als umfassende Äußerung menschlichen Verhaltens von den verschiedenen Systemen bedingt wird, in ihrer produktiven Tätigkeit, im bewußten Eingriff in das Ökosystem, in der aktiven Umweltgestaltung selbst wieder auf diese Systeme rückwirkt.

Die Umweltprägung der heutigen Menschen durch die von ihm selbst geschaffene Umwelt hat Grenzen und wirft Bedenken auf: Es muß geklärt werden, inwieweit der menschliche Organismus sich den technischen Einwirkungen einer durch zunehmende Automatisierung, Standardisierung und industrielle Intensivierung gekennzeichneten künstlichen Umwelt anzupassen vermag, inwieweit aber auch seine biologische Widerstandsfähigkeit den zunehmenden chemisch-toxikologischen Noxen dieser künstlichen Umwelt gewachsen ist.

Während aber noch vor zwei Jahrzehnten die Toxikologie in der Verhütung klinisch manifester Krankheiten bei besonders exponierten Menschen ihre Hauptaufgabe hatte, sind in der Zwischenzeit die Arzneimittel- und Umwelttoxikologie, aber auch die Embryotoxikologie und die notwendige Mutationsprophylaxe hinzugekommen.

Die *toxikologische Risikobeurteilung* von Fremdstoffen in unserer Umwelt steht vor drei außerordentlichen Schwierigkeiten:

1. Unser zivilisatorischer Fortschritt hängt unabdingbar von der chemischen Synthese immer neuer Verbindungen ab. Zu den existierenden etwa 2 Millionen synthetisierten oder aus natürlichen Vorstufen gewonnenen Verbindungen kommen nach neueren Schätzungen jährlich etwa 250 000 neue hinzu (vgl. Lohs, 1974). Davon werden etwa 300 pro Jahr kontrolliert oder unkontrolliert in die Umwelt des Menschen gebracht. Ein nicht geringer Teil dieser Stoffe ist durch eine biologische Aktivität, durch Aufnahme in den Metabolismus und durch ein Eindringen in eine weltweite biologische Stoffwechselkette charakterisiert. Zum Teil ungewollt, häufig jedoch aber als Ergebnis gezielter Bemühungen gelangen PSM, Schädlingsbekämpfungs-, Desinfektionsmittel, Kosmetika, Nahrungsmittelzusätze und nicht zuletzt Arzneimittel in die unmittelbare Umwelt, so daß sie eine ökologische Bewertung erfordern.

Von 1966–1971 gelangten allein international 755 neue Substanzen als Heilmittel in den Handel, davon etwa 90 Psychopharmaka, 50 Antibiotika, 35 krampflösende Mittel und 30 Kontrazeptiva. Angesichts ständig steigender Forderungen an Wirksamkeit und Sicherheit — und dadurch immer höherer Entwicklungskosten — verringern sich allerdings die Zuwachsraten.

2. Zu diesen geplanten chemischen Veränderungen unserer Umwelt kommen *primär nicht-gewollte Umweltbelastungen* durch Zwischen- und Endprodukte der chemischen Industrie, Abgase und Abfallstoffe aus Energiegewinnung und Hausbrand, Stäube, Abprodukte, Luftverunreinigungen durch Industrie, Gewerbe, Haushalt, Verkehr und Müll, ferner Abfall, Wasserverunreinigungen durch industrielle und kommunale Abwässer, Gülle usw. 1964 soll die Weltproduktion an Chemikalien 240 Mill. Tonnen betragen und sich in den letzten 10 Jahren verdoppelt haben. Die Ausbreitung solcher Fremd- und Schadstoffe ist z. T. weltweit, z. T. nur bedingt oder überhaupt nicht mehr steuerbar (vgl. Henschler, 1973) und hinsichtlich ihrer Toxikologie, mehr aber noch hinsichtlich ihrer eventuellen Embryotoxizität, Teratogenität und Mutagenität weitgehend nicht analysiert.

3. Bisher gibt es nur erst Ansätze zur Ermittlung von *toxikologischen Wirkungsschwellen* in quantitativer Hinsicht. Wegen der asymptotischen Näherung des Produktes (W) von Konzentration am biologischen Rezeptor (c) mal Dauer der Einwirkung (t) bei Einsatz in das bekannte Dosis/Wirkungs-Diagramm

kann ein toxikologischer Grenzwert nicht bestimmt werden. Die Existenz von Schwellenwerten für irreversible Wirkungen, also für teratogene, mutagene und carcinogene Wirkungen ist zu vermuten, bislang aber kaum zu beweisen.

Fast unbekannt ist bislang die *Kombinationswirkung* von mehreren Schadstoffen, obwohl heute kein Mensch mehr nur *einer* Umweltnoxe ausgesetzt ist. Vermutete toxische Effekte überwiegen bei weitem die gesicherten toxischen Wirkungen. Über pharmakogenetische Besonderheiten, d. h. über die unterschiedliche, auf genetischer Heterogenität beruhende Ansprechbarkeit der Menschen auf chemische Noxen ist fast gar nichts bekannt.

Es soll hier nicht die gesamttoxikologische Situation behandelt, sondern entsprechend der gewählten Thematik vielmehr versucht werden, die Notwendigkeit einer *Hygiene des vorgeburtlichen Lebens* und die toxische Gefährdung der kommenden Generation aufzuzeigen, d. h. die teratogenen und genetischen Probleme des Komplexes „Mensch und Umwelt“ anzugehen (vgl. Abb. 2).

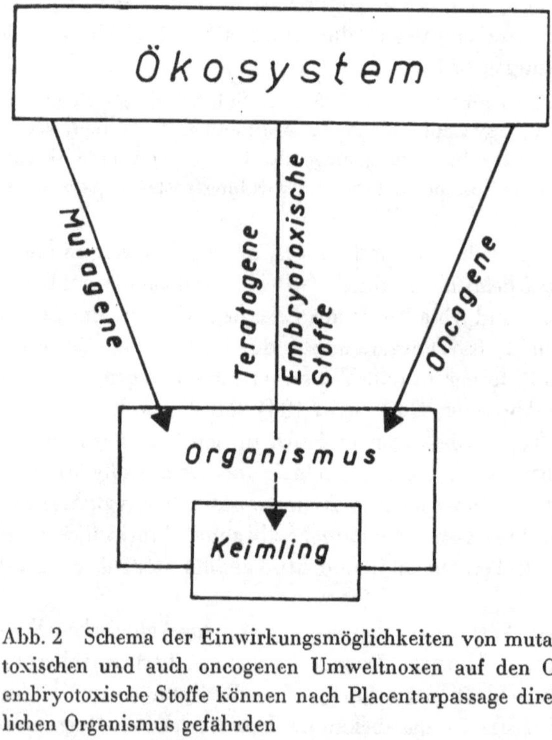

Abb. 2 Schema der Einwirkungsmöglichkeiten von mutagenen, teratogenen, embryotoxischen und auch oncogenen Umweltnoxen auf den Organismus. Teratogene und embryotoxische Stoffe können nach Placentarpassage direkt den Keimling im mütterlichen Organismus gefährden

Die heute kaum noch zu übersehende Vielzahl exogener Faktoren, die Schäden in der Embryonalentwicklung hervorrufen können, kann man wie folgt zusammenfassen (vgl. Abb. 3):

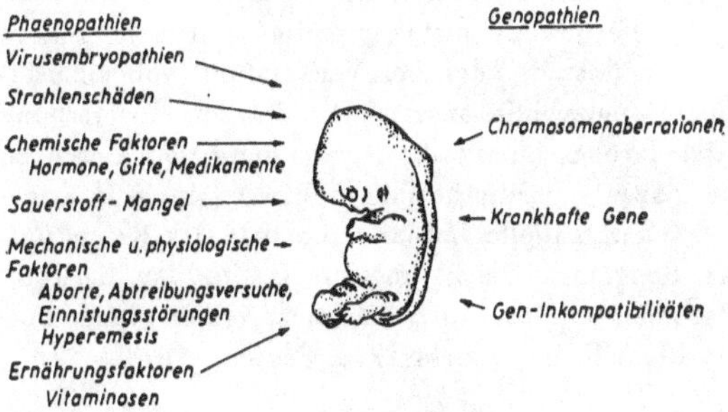

Abb. 3 Schema der unterschiedlichen Störungsmöglichkeiten der Keimentwicklung bei Säugern und Mensch (aus Freye, 1963)

1. Infektionen (Rubeolen, Masern, Hepatitis, Mumps, Poliomyelitis, Coxsackie, Cytomegalie, Listeriose, Toxoplasmose; auch manche Impfstoffe, z. B. Pocken-Impfstoff)
2. Physikalische Faktoren (Röntgen-, Radium-, Elektronen-, Neutronen-, Protonenstrahlung)
3. Chemische Faktoren (unphysiologische Chemikalien, Gifte, Arzneistoffe, Rausch- und Suchtgifte, Antimetaboliten, Radiomimetika, Pestizide, Hormone, Sauerstoffmangel)
4. Ernährungsfaktoren (Hyper-, Hypovitaminosen, Mangel an Spurenelementen, z. B. Kalium, Calcium u. a.)
5. Mechanische Faktoren (amniotische Stränge, Entwicklungsanomalien des mütterlichen Fruchthalters, Eihautmangel, Nabelschnurumschlingungen, Curettagen und Sondierungen während der Schwangerschaft, Lageanomalien des Embryos).

Für die Mehrzahl peristatischer Faktoren ergibt sich, daß das Grundmuster der Mißbildungen vom Zeitpunkt der Applikation während der Embryogenese, der Grad der Schädigung aber von der jeweiligen Dosis abhängig ist. Tierversuche zur Aufhellung peristatisch schädigender Faktoren können nur dann Anspruch auf exakte und reproduzierbare Aussage erheben, wenn mit genetisch geprüftem Material gearbeitet wird. Denn nur mit einem definierten Versuchstier „pro analysi" erlaubt der Modellversuch beim Tier, das Wechselspiel von endogenen und exogenen Faktoren bei der Auslösung von kongenitalen Anomalien zu erkennen.

In der Ursachenforschung angeborener Mißbildungen kann das Tierexperiment nur dann zur gültigen Aussage herangezogen werden, wenn das Versuchstier als biologisches Meßgerät für spezifische Vorgänge aufgefaßt wird. Das erfordert neben der Standardisierung der Umwelt in der Versuchstierhaltung unbedingt eine Standardisierung des Genotyps des verwendeten Tiermaterials. Die letztere ist gegeben bei Verwendung von F_1-Hybriden, die jeweils histokompatibel mit beiden zum Zuchtansatz herangezogenen P-Stämmen sind, oder bei Verwendung von Inzuchttieren, die sich durch hochgradige Homozygotie auszeichnen. Für die Erforschung exogen bedingter Mißbildungen ist darüber hinaus die Verwendung von Tieren zu fordern, die wie der Mensch eine Plazenta haemochorialis besitzen (also z. B. Lagomorpha, Rodentia, Simiae) und eine interstitielle Implantationstiefe des Keims aufweisen (also z. B. Cavia, Muridae, Pongidae). Die in unserem Institut für die Teratogenitätsforschung benutzten Hausmäuse (*Mus musculus*) entsprechen diesen Forderungen weitgehend (vgl. Freye, 1966; Freye, Scheufler u. Schmidt, 1973).

Die pränatale Entwicklung des Säugers einschließlich des Menschen unterliegt mindestens drei sogenannten kritisch-sensiblen Phasen, in denen das Wechselspiel zwischen Stoffangebot, Sauerstoff-, Nährstoff- sowie Wirkstoffaufnahme aus den Quellen des mütterlichen Blutkreislaufes einerseits und Baustoffwechsel, Energiehaushalt und Ausscheidung der Stoffwechselschlacken aus dem Embryo andererseits und der daraus resultierende Zusammenhang von biologischer Funktion und zugrunde liegenden materiellem Äquivalent gestört werden können. Wir wissen heute, daß für dieses Wechselspiel den katalytischen Funktionen der Summe der Erbinformationen, des Genoms, besondere Bedeutung zukommt. Allerdings ist die ontogenetische und zeitliche Terminierung einer sensiblen Phase keine absolute Konstante des Keimlingsgenoms, sie kann sich vielmehr innerhalb bestimmter Grenzen, auch in Abhängigkeit von der Prüfsubstanz, verschieben (vgl. Wendler u. a. 1973).

Solche kritisch-sensiblen Phasen sind die Implantation des Keimlings in die uterine Schleimhaut, der Beginn seiner hämotrophen Ernährung sowie die Periode der Organdifferenzierung. Da der Keim in dieser Zeit noch keinerlei individuelle Resistenz oder Immunität besitzt, in der Zeit der Massenzunahme aber besonders intensiv empfindlich ist, und die Barrierenfunktion der Plazenta darüber hinaus weit weniger wirksam zu sein scheint als früher angenommen, ist er hier durch die verschiedensten peristatischen Faktoren besonders gefährdet.

Wenn ich im folgenden etwas ausführlicher auf die embryotoxischen Versuche mit DDT von Herrn Dr. Schmidt aus unserem Arbeitskreis eingehe, dann hat das 3 Gründe:

1. DDT ist heute in der Biosphäre weltweit verbreitet: Es ist mit 0,4—0,12 mg/kg im Fett antarktischer Weddell-Robben (*Leptonychotes weddelli*) und mit 6,4 mg/kg in den Eiern des Bermuda-Sturmtauchers (*Pterodroma*

hasitata cahow) genauso nachgewiesen wie im Körper von Eskimos und Eisbären und auch wie in zum Verzehr kommenden Speisefischen (bis zu 5 mg/kg!). Es wird angenommen, daß gegenwärtig etwa ein Viertel des hergestellten DDT auf dem Wege mit den Niederschlägen in die Weltmeere gelangt; 1970 wären das etwa 25 000 Tonnen gewesen.

2. DDT hat sich im menschlichen Körper, bevorzugt im Fett, aber auch in anderen lipidhaltigen Geweben und Organen, weltweit angereichert. In Stress-Situationen, aber auch im Krankheitsfall und unter Hunger „wird das gespeicherte DDT im Organismus mobilisiert und kann unter anderem im Falle einer primären Leberaffektion als zusätzliche zweite Noxe wirksam werden" (Dedek und Schmidt, 1972). Als Organochlorid steht es heute unter Krebsverdacht, und es gibt Hinweise auf seine Neuro- und Hepatotoxizität.
3. In den tierexperimentellen Befunderhebungen in unserem Institut, denen die Sektionsbefunde von 1440 primiparen Hausmäusen (Zuchtstamm AB Jena/Halle) zugrunde liegen, hat sich DDT sowohl nach ein- als auch nach mehrmaliger Applikation in verschiedenen Phasen der Schwangerschaft als blasto-, embryo- bzw. fetotoxisch erwiesen, wobei das Ausmaß des fruchtschädigenden Einflusses mehr oder weniger deutlich dosisabhängig ist (Schmidt, 1973).

In den Untersuchungen wurden 25 mg DDT/kg Körpergewicht (KG) bei einmaliger Applikation als embryotoxischer Grenzwert ermittelt. Nach mehrfacher Injektion ist noch im Bereich der niedersten Tagesdosis von 2,5 mg/kg KG ein statistisch gesicherter embryotoxischer Effekt nachzuweisen.

DDT zeitigt auch dann fruchtschädigende Effekte (hoher Prozentsatz unbefruchteter Weibchen, signifikanter Anstieg der Abortiveier und der Resorptionsrate), wenn die weiblichen Tiere *vor* der Begattung einer langfristigen Exposition zugeführt werden.

Gravide Versuchstiere lassen nach mehrmaliger DDT-Behandlung plus zusätzlichen 48stündigem Hungerstress die Mobilisierung des im mütterlichen Fett gespeicherten DDT in einer — gegenüber Vergleichsgruppen ohne Nahrungsentzug — bemerkenswerten Steigerung der fruchtschädigenden Wirkung erkennen.

Die Entwicklung der überlebenden Implantate verläuft unter dem Einfluß von DDT verzögert. Dieser wachstumsretardierende Effekt zeigt sich in mehr oder weniger starker Verminderung des mittleren Fetgewichtes. Die wachstumsverzögernde Wirkung des DDT wird durch zusätzliche Hungerexposition noch verstärkt.

Wie Untersuchungen mit ^{3}H- bzw. ^{14}C-markiertem Wirkstoff (Applikation an gravide Mäuse in verschiedenen Stadien der Fetogenese) aufhellten, besteht

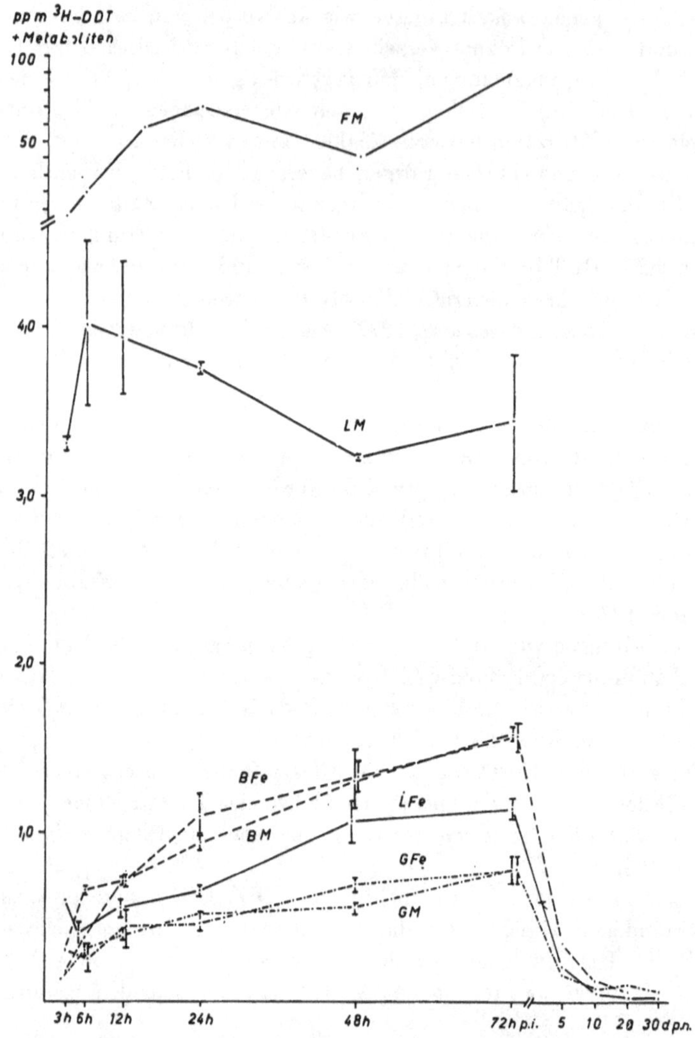

Abb. 4 DDT und Metaboliten in maternalen und fetalen Organen der Hausmaus nach Applikation von 1 mg ^{3}H-DDT intraperitoneal am 16. Tag post coitum (aus Schmidt, 1973)

BM = Werte im mütterlichen Blut	BFe	dto. im Feten
FM = Werte im mütterlichen Fett		
GM = Werte im mütterlichen Gehirn	GFe	
LM = Werte in der mütterlichen Leber	LFe	

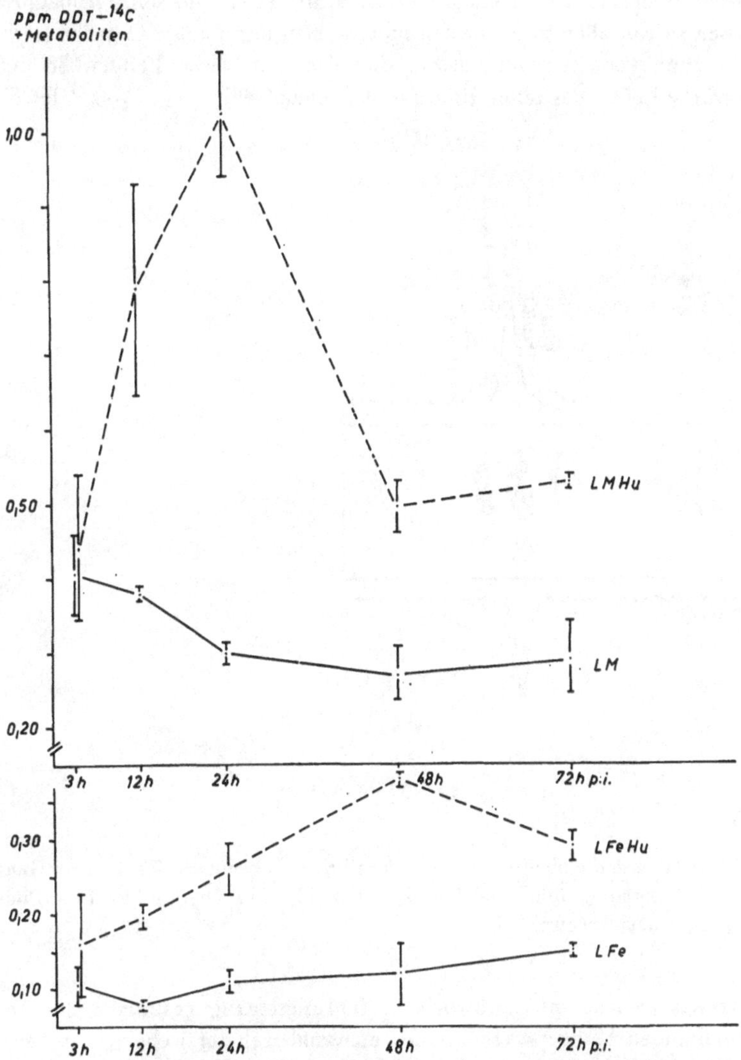

Abb. 5 DDT und Metaboliten in der maternalen und fetalen Leber nach Applikation von 0,1 mg ^{14}C-DDT i.p. vom 10.–16. Tag p.c. und 48stündiger Hungerbelastung (aus SCHMIDT, 1973)

LMHu = mütterliche Leberwerte unter Hungerbelastung

LM = mütterliche Leberwerte ohne Hungerbelastung

LFeHu = fetale Leberwerte unter Hungerbelastung

LFe = fetale Leberwerte ohne Hungerbelastung

eine Plazentarschranke für dieses Insektizid nicht: DDT und seine Abbauprodukte lassen sich in allen untersuchten mütterlichen und fetalen Organen nachweisen; dominierende Ablagerungsorte sind das mütterliche Fettgewebe und die mütterliche Leber, das fetale Blut und das fetale Gehirn (vgl. Abb. 4 bis 6).

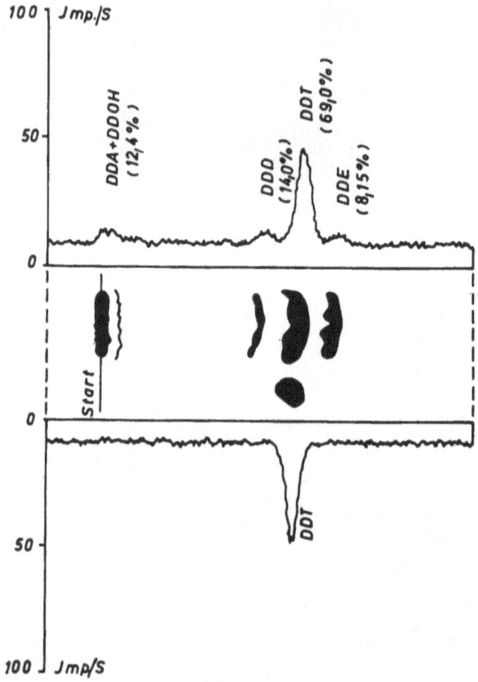

Abb. 6 ^{14}C-DDT und Metaboliten in der mütterlichen Leber nach 48stündiger Hungerbelastung; Autoradiographie und korrespondierendes Scannogramm; untere Bildhälfte: Standard (aus SCHMIDT, 1973)

Markierungsversuche mit zusätzlichem Nahrungsentzug bestätigen die Annahme, daß unter Hungerstress das im maternalen Fettgewebe gespeicherte DDT mobilisiert und auf dem Blutwege im mütterlichen und fetalen Organismus verbreitet wird. Diese DDT-Translokation macht sich in allen gemessenen Geweben und Organen in einer auffälligen Erhöhung der Gesamtaktivitätswerte deutlich. Wie nicht anders zu erwarten, wird der größte Teil des freigesetzten DDT in die maternale und die fetale Leber transportiert. Hier lassen sich auch neben dem unzersetzten DDT vorrangig die lipophilen und hydrophilen Folgeprodukte (DDE, DDD, DDMU; DDOH, DDA, DCB) nachweisen. Wiederum steigt die Konzentration der Metaboliten im Hungerzustand an (SCHMIDT, 1973).

Es erhebt sich die Frage, inwieweit tierexperimentelle Befunderhebungen für ähnlich gelagerte Noxensetzungen beim Menschen von Bedeutung sind. Niemand kann ernstlich behaupten, daß der Versuch mit Säugetieren bei tierexperimentellen Modellprüfungen absoluten Aussagewert hätte. Aber der Tierversuch ist die einzige Chance, überhaupt etwas über die Teratogenität und Embryotoxizität einer Noxe zu erfahren, und er erfüllt wesentliche Forderungen, die man an ein Modell in der Biologie stellen muß: Realismus, Präzision und die Voraussagefähigkeit. Unter Berücksichtigung einer Reihe von Kautelen läßt sich beim heutigen Stand der embryotoxischen Forschung eine gewisse Sicherheit in der Aussage erreichen, so daß mit gleicher Noxe erzielte embryotoxische und teratogene Wirkungen bei verschiedenen Säugerspezies oder zumindest zwei Inzuchtstämmen zur Vorsicht mahnen bei der Darreichung dieser Substanz in der Frühschwangerschaft des Menschen.

Im Gegensatz zu den toxischen, embryotoxischen, teratogenen und kanzerogenen Schädigungen, die oft (aber nicht immer) unmittelbar mit der auslösenden Noxe in Zusammenhang gebracht werden können, liegen die Gefahren bei der mutagenen Belastung der menschlichen Populationen auf einer anderen Ebene. Zwischen *Mutationsvorgang und phänotypischer Manifestation* kann eine sehr lange Zeit, mitunter über Generationen hinweg, vergehen.

Mutationen sind sprunghaft auftretende, diskontinuierliche, irreversible Änderungen in der Erbsubstanz. MULLER's Erzeugung von Mutationen bei der Fruchtfliege *Drosophila* durch Röntgenstrahlen (1928) machte die genetische Gefährdung des Menschen durch ionisierende Strahlung klar und führte letzten Endes zur Einführung der Strahlenschutzwerte und der in der DDR vorbildhaften Strahlenschutzgesetzte.

Erst 15 Jahre später bestätigten Charlotte AUERBACH und ROBSON die langgehegte Vermutung, daß auch chemische Stoffe mutationsauslösend sein können. Dennoch steht auch heute noch die Chemogeneseforschung auf einem Stand, wie ihn die Radiobiologie schon von 30 Jahren erreicht hatte.

Die Größe des Problems wird aber deutlich, wenn man bedenkt, daß mindestens 30% der spontanen und therapeutischen Aborte von Chromosomendefekten begleitet und fast 25% aller Betten in den Kinderkliniken durch Erbkrankheiten und angeborene Mißbildungen und deren Spätfolgen belegt sind.

Wir wissen heute schließlich auch, daß mutagene Substanzen nicht nur die Zahl der spontanen Aborte, der angeborenen Mißbildungen und der erblich bedingten oder unterstützten Krankheitsfälle, sondern auch die Frequenz der Krebskranken erhöhen.

Bei einer so dringend gewordenen *Mutationsprophylaxe* muß zwischen Stoffen unterschieden werden, die praktisch unbeaufsichtigt in der Umwelt verbreitet werden oder verbreitet sind und solchen Substanzen, über deren Verwendung und Gebrauch eine gewisse Kontrolle besteht. Gerade bei letzteren sind einige Stoffe von beachtlich mutagener Wirksamkeit zu registrieren (einige Antibiotika, S- und N-Loste und ihre Derivate, die wie Endoxan und Cytoxan in die Krebstherapie eingeführt sind). Allerdings ist hier das Risiko in eng umgrenzten Fällen für den behandelten Patienten im Vergleich zum gewonnenen Vorteil sehr klein und für die Population praktisch gleich Null.

Wenn aber auf der anderen Seite auch nur schwach mutagen wirksamen Umweltverbindungen die gesamte Bevölkerung unter Einschluß ihrer empfindlichsten Mitglieder ausgesetzt ist, dann kann das Risiko bis zur Untragbarkeit ansteigen (vgl. Seiler, 1974). Bislang sind zumindest folgende Stoffklassen mit häufiger mutagener Wirkung bekannt: Acroleine, Aflatoxine (Giftstoffe in bestimmten Schimmelpilz-Arten), Alkyl-Metallverbindungen (in Autoabgasen, Schädlingsbekämpfungsmitteln, in der Textilindustrie), Azofarbstoffe, Carbamidsäureester (als Pharmazeutica, Unkraut- und Insektenvertilgungsmittel, in Lacken), Hydrazine, Ozon, Nukleinsäure-Antimetabolite, Phosphorsäure-Esterverbindungen u. a. (vgl. Marquardt, 1974; Stubbe, 1974; Vogel und Röhrborn, 1970; Vogel u. a. 1971).

Für die praktische Mutagenitätsprüfung sind zwei Gruppen von Mutationsereignissen wesentlich: die Chromosomen- und die Punktmutation. Die numerischen oder strukturellen Chromosomenaberrationen können am Menschen selbst in Lymphozytenkulturen, Fibroblasten und in bestimmten Tumorzellstämmen untersucht werden. So werden etwa in der bleiverarbeitenden Industrie auf dem Wege über Blutkulturen die hier tätigen Personen auf Chromosomenmutationen analysiert und mit entsprechenden Kontrollgruppen verglichen. Bei genügend großem Material kann auch bei den ohnehin durch Chromosomenaberrationen bedrohten Spontanaborten ein ins Gewicht fallender Anstieg solcher Chromosomenmutations-Schäden wenigstens teilweise erkannt werden. Für die Untersuchung auf Chromosomenmutationen in Keimzellen schließlich stehen an Säugetieren genügend Methoden zur Verfügung, um die es kaum Kontroversen gibt.

Anders ist die Situation bei der Testung auf Punktmutationen. Um hier unter der größeren Zahl nichtmutagener Agenzien mutagene Substanzen überhaupt erst einmal zu erkennen, sind zahlreiche Testsysteme mit speziellen genetischen Verfahren ausgearbeitet worden. Allen solchen Systemen gemeinsam ist allerdings, daß eine Extrapolation der Befunderhebungen auf die Verhältnisse im Menschen unsicher ist, je weiter wir in der phylogenetischen Reihenfolge mit unserem verwendeten Versuchsorganismus vom Menschen entfernt sind, um so unsicherer.

Für die Mutagenitätsprüfung auf Punktmutationen möchte ich nachfolgend repräsentative und vielseitig verwendete Verfahren aufführen.

1. *Der bakterielle Plattentest.* Wegen der millionenfachen Nachkommenschaft der Bakterien, der Raschheit, Billigkeit und Einfachheit des Verfahrens ist dieser Test für Mutationsprüfungen besonders geeignet. Weite Verbreitung hat die von Ames ausgearbeitete Screening-Methode mit Stämmen des Erregers des Mäusetyphus, *Salmonella typhimurium,* gefunden (vgl. Abb. 7 a).

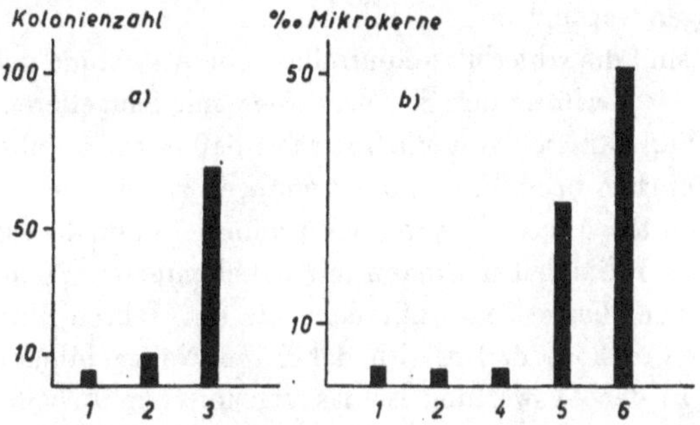

Abb. 7 Mutagene Wirkung der Harnstoffverbindung Äthylenthioharnstoff (ETU)
a) im bakteriellen Plattentest allein (2) und nach künstlicher Nitrosierung (3)
Da *Salmonella typhimurium* die für das Wachstum notwendige Aminosäure Histidin nicht selbst herzustellen vermag, wachsen auf histidinfreiem Nährboden die „normalen" Bakterien nicht. Unter dem Einfluß mutagener Verbindungen wachsen Mutanten mit der wiedererlangten Fähigkeit, sich zu vermehren zu punktförmigen Kolonien, die mit bloßem Auge erkannt werden.
b) Im Mikrokerntest an der Hausmaus allein (2) und nach gleichzeitiger Verfütterung von Natriumnitrit
1 keine Behandlung
2 ETU allein
3 N-Nitroso-ETU
4 Natriumnitrit allein
5 ETU + Nitrit (3:1) 200 mg/kg KG per os
6 dasselbe 600 mg/kg Körpergewicht
(nach Seiler, 1974)

Der entscheidende Nachteil dieser Methode ist das Fehlen des menschlichen Stoffwechsels.

2. *Der Drosophila-Test.* Die Verwendung der Fruchtfliege bietet wegen ihrer kurzen Generationsdauer, großen Nachkommenzahl, ihres hochentwickelten Stoffwechsels und ihrer geringen Chromosomenzahl große Vorteile. Darüber hinaus gehört die *Drosophila* als „Haustier" der Genetiker zu den am besten

in morphologischer, embryologischer, physiologischer und genetischer Hinsicht analysierten Testorganismen. Untersuchungen auf dominante und auf geschlechtsgebunden-rezessive Letalität gehören heute zu den gebräuchlichsten Tests. Die Zahl lebensfähiger Larven aus Paarungen von behandelten Männchen mit unbehandelten Weibchen verglichen mit der entsprechenden Zahl aus Paarungen unbehandelter Kontrollfliegen erlaubt einen groben Überblick über die mutagene Aktivität chemischer Verbindungen. Aussagekräftiger ist die Bestimmung der geschlechtsgebunden-rezessiven Letalität mit Weibchen, die ein sogenanntes Markierungsgen tragen.

Nachteile dieser Methoden sind die schlecht zu kontrollierende Aufnahme der zu testenden Substanzen bei der Verfütterung, die, verglichen mit Säugetieren, abweichenden anatomischen Verhältnisse sowie die Tatsache, daß es Stoffe gibt, die die Fruchtbarkeit der Männchen beeinflussen, ohne mutagen zu sein.

3. *Der Dominant-Letaltest an der Maus.* Hier werden Männchen einmal oder mehrmals mit der Testsubstanz behandelt und dann mit unbehandelten Weibchen verpaart. Zu den Vorteilen dieses Tests, mit dem wir seit Jahren gute Erfahrungen gesammelt haben, gehört, daß es sich dabei um Noxeneinflüsse auf die Keimzellen handelt. In der Auswertung ist das von unserem Arbeitskreis für die Embryotoxizitäts- und Teratogenitätstestung entwickelte Modell mit geringfügigen Abweichungen für den Dominant-Letaltest anwendbar. Die einfache Testmethode und die relative Billigkeit des Verfahrens sind gute Voraussetzungen für die Handhabung durch Industrielaboratorien (vgl. Abb. 8).

4. *Der Mikrokerntest im Knochenmark der Maus.* Untersuchungen des roten Knochenmarks aus den Oberschenkelknochen zeigen unter dem Einfluß mutagener Stoffe Chromosomenbrüche und Störungen einer geregelten Kernteilung. Dabei bleiben Fragmente als separate sog. Mikrokerne außerhalb des eigentlichen Zellkerns liegen. Bei der Reifung der Erythrozyten stoßen diese bekanntermaßen am Ende ihren Zellkern aus. Die Mikrokerne jedoch bleiben aus unbekannten Gründen in den roten Blutkörperchen zurück und können durch eine sehr übersichtliche Färbemethode leicht aufgefunden und routinemäßig ausgezählt werden (vgl. Abb. 7 b).

Da es heute Tausende von chemischen Verbindungen gibt, denen wir in unserem täglichen Leben ausgesetzt sind, kann im Grunde genommen nur nach einer *Prioritätenliste* die Prüfung dieser Substanzen angegangen werden.

Kriterien für eine Mutagenitätsprüfung sind zuerst von der WHO für das Testen von Medikamenten aufgestellt worden (1971). Für eine Prioritätenordnung von Umweltchemikalien können ähnliche Kriterien aufgestellt werden.

Eine solche *Prioritätenliste* müßte umfassen:

1. chemische, biochemische, pharmakologische Substanzen, die mit bekannten Mutagenen verwandt sind.

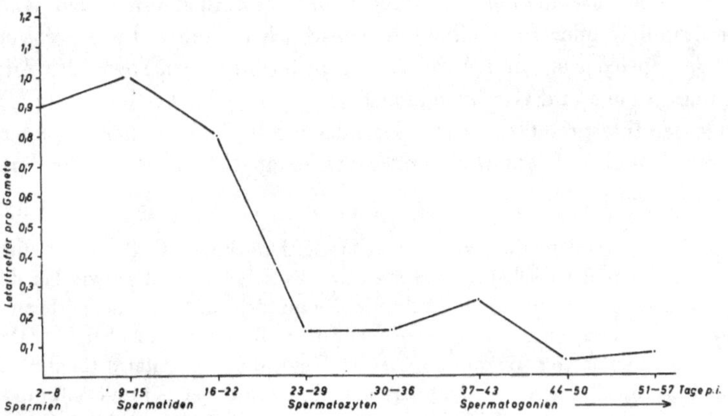

Abb. 8 Raten dominanter Letalmutationen (Letaltreffer pro Gamete) in verschiedenen Spermatogenese-Stadien nach Behandlung von 10—12 Wochen alten Hausmaus-Männchen (Stamm C3H) mit 0,125 mg Trenimon (Äthylenimin-Abkömmling) pro kg Körpergewicht. Die Kurve repräsentiert die induzierten Letaltreffer; die Spermien und Spermatiden sind wesentlich sensibler für die Induktion dominanter Letalmutationen durch Trenimon als Spermatozyten und Spermatogonien. Die Abszisse entspricht den Kontrollen (nach Röhrborn, 1970)

2. Chemikalien, die toxische Wirkungen haben; hierher gehören auch Inhibitoren und Immunsuppressiva.
3. Substanzen, die häufig von Kindern und Jugendlichen genommen werden sollen.
4. Pharmaka für generelle Prophylaxe
5. Vaginalkontrazeptiva
6. Impfstoffe
7. Agrochemikalien und
8. Stoffe mit pharmakogenetischen Varianten.

Es ist naheliegend, daß daneben auch verdächtige Chemikalien aus der Grundlagenforschung in den weiteren Kreis der zu testenden Substanzen mit aufgenommen werden müssen. Hierzu zählen Verbindungen, welche die Desoxyribonukleinsäure angreifen, Transformations-induzierende Chemikalien und solche, die in den Ablauf der Zellteilungsvorgänge eingreifen können.

Ein besonderes Problem sind *schwach mutagen wirksame Verbindungen,* die (z. B. als Zusätze in der Nahrung oder als Rückstände von Pestiziden) die gesamte Bevölkerung erreichen. Nur die mikrobiellen Testsysteme (oder andere mit immensem Aufwand) vermögen kleine mutagene Aktivitäten zu erfassen. Die Risikoabschätzung muß hier von der Menge und dem Umweltverhalten der

Substanz, von den aufzunehmenden Mengen pro Zeiteinheit durch den Menschen, der Stabilität oder Instabilität im menschlichen Stoffwechsel, der Verweildauer, der Speicherung und Anreicherung in einem Organ sowie der Ausscheidung nach Menge und Geschwindigkeit der Metaboliten bestimmt werden.

Die Frage der Interpretation ist mit besonderer Schärfe zu stellen, nachdem man auch weiß, daß es *Wechselwirkungen* zweier an sich unschädlicher Substanzen oder Systeme gibt.

So ist das viel verwendete Fungizid *Captan* als leichtflüchtiges Hydrolyseprodukt in Mikroorganismen und Gewebekulturen mutagen. In Säugern wird es wie bei der Fruchtfliege wegen seiner Unbeständigkeit die Keimzellen nicht in ausreichender Konzentration erreichen und infolgedessen negative Resultate erzielen. — Das *Cycasin*, ein Inhaltsstoff der Zykanuß (unechte Sagopalme, Palmfarn) bleibt bei intravenöser oder intraperitonealer Applikation wirkungslos, bei peroraler Applikation ist es dagegen stark mutagen: Sein Molekül besteht nämlich aus einem Zucker und dem eigentlichen Mutagen MAM (Methylazoxymethanol); nur ein spezielles Enzym — das wohl in Mikroorganismen (z. B. in Darm-Bakterien), nicht aber in Säugern vorkommt — kann die Bindung zwischen den beiden Molekülhälften lösen. Im Darm spalten also die Bakterien Cycasin in Zucker und das hochmutagene MAM. — Chlorierte Kohlenwasserstoffe regen die Mikrosomen der Leber zur Bildung gewisser Enzyme an, die Hydroxylgruppen in viele organische Verbindungen einführen. In den als cancerogen bekannten polyzyklischen Kohlenwasserstoffen (z. B. beim *Benzpyren*) wird durch die Hydroxylierung erst die eigentliche mutagen wirksame Form hergestellt. — *Trenimon*, ein starkes Mutagen, verursacht bei der Taufliege *Drosophila* viel weniger Mutationen, wenn gleichzeitig Natriumfluorid verabreicht wird. Dasselbe ist auch in menschlichen Zellkulturen zu beobachten. Hier wirkt also das Fluorid als Antimutagen. Die Suche nach solchen Antimutagenen hat in letzter Zeit sehr an Bedeutung gewonnen.

Zur Mutationstestung und Risikoabschätzung potentiell erbgutverändernder Substanzen gibt es heute eine Reihe von *Prüfungsinstitutionen.*

In der DDR wurde 1974 ein Mutagenitätslabor in Gatersleben eröffnet.

Insgesamt sind auch Probleme der Mutagenität, Teratogenität und Embryotoxizität Umweltprobleme. Zu den vielen chemischen Substanzen in unserer Umwelt kommen ständig neue hinzu. Allen gegenüber ist Wachsamkeit geboten, auch wenn sie unschädlich zu sein scheinen. Aber gerade durch weitgehend unbekannte Wechsel- oder Kombinationswirkungen können sie zur Mutagenität, Karzinogenität oder Teratogenität des Menschen beitragen. Die Prüfungsmöglichkeiten reichen heute international in keiner Weise aus, und außerordentlich viele Probleme müssen noch gelöst werden, bevor teratogene und mutagene Risikoschätzungen einer chemischen Verbindung für den Menschen wenigstens mit annähernder Genauigkeit gegeben werden können. Hierzu ist eine koordinierte Zusammenarbeit von Genetikern, Toxikologen, Pharmakologen, Chemikern und Biologen notwendig.

Die Lösung der Kardinalfrage, welche Folge jede vom Menschen erzeugte Veränderung der natürlichen und der selbst geschaffenen Umwelt auslöst, ist „nicht zuletzt dadurch erschwert, daß unter anderem eine Rangordnung der Werte fehlt, die — aus der Sicht der Gesellschaft — vermindert oder erhöht werden, wenn eine bestimmte, die Umwelt verändernde Maßnahme durchgeführt wird" (LEHMANN, 1974). Hier liegt in der Tat eine große Verantwortung für uns Heutige. Die Verantwortung auch auf das keimende Leben und für die kommenden Generationen zu übernehmen, muß unsere Aufgabe bei der Bewältigung mutagener und teratogener Gefahren aus unserer Umwelt sein!

Literatur

1. DEDEK, W., SCHMIDT, R.: Die Pharmazie **27**, 294—297 (1972).
2. FREYE, H.-A.: Biol. Rdsch. **1**, 31—38 (1963).
3. ders.: LYNX (Praha), **6**, 31—34 (1966).
4. ders.: V. Merseburger Symposium 48—56, 1973.
5. FREYE, H.-A., GRUND, W., PONSOLD, W., SCHMIDT, P., SCHOTTEK, W.: DDR-Medizin-Report **3**, 523—525 (1974).
6. FREYE, H.-A., SCHEUFLER, H.: Nova Acta Leopoldina **217**, 121—127 (1975).
7. FREYE, H.-A., SCHEUFLER, H., SCHMIDT, R.: Z. ges. Hygiene u. Grenzgebiete **19**, 45—46 (1973).
8. HENSCHLER, D.: Angew. Chemie **85**, 317—326 (1973).
9. LEHMANN, E.: Festschrift 125jähr. Bestehen Sächs. Akad. Wiss., Leipzig 157—166, 1974.
10. LOHS, KH.: Sitz. Ber. Akad. Wiss. DDR, Jg. 1973, Nr. 15, 29—42, 1974.
11. MARQUARDT, H.: Naturw. Rdsch. **27**, 89—94 (1974).
12. MORIN, E.: Le paradigme perdu: La nature humaine. Éditions du Seuil, Paris 1973.
13. SCHMIDT, R.: Zur Wirkung von 1,1,1-Trichlor-2,2-bis(p-chlorphenyl)-äthan (DDT) auf die Pränatalentwicklung der Hausmaus. Promotion-B-Arbeit Halle/S., 1973.
14. SCHEUFLER, H., FREYE, H.-A.: Dt. Gesundh.-Wesen **30**, 455—459 (1975).
15. SEILER, P.: Forschung und Technik in Neue Zürcher Zeitung Nr. 502, 63—64 (1974).
16. STUBBE, H.: Festschrift 125jähr. Bestehen Sächs. Akad. Wiss., Leipzig 145—156, 1974.
17. VOGEL, F., RÖHRBORN, G., (Herausg.): Chemical Mutagenesis in Mammals and Man. Springer-Verlag, Berlin-Heidelberg-New York 1970.
18. VOGEL, F., RÖHRBORN, G., SCHLEIERMACHER, E.: Naturwiss. **58**, 131—141 (1971).
19. WENDLER, D., PABST, R., SCHMIDT, W.: Acta Carol. Med., Monographia LVI—LVII, Part 1 (1973).
20. World Health Organization, Technical Report Series No. 482. Evaluation and Testing of Drugs for Mutagenicity. Principles and Problems. WHO Geneva 1971.

Otto Auersch

Industrie-Exhalationen in ihren vegetativen und generativen Wirkungen auf chlorophyllführende Kulturpflanzen

1. Vorbemerkung

Mit der Einführung der synthetischen Kontaktinsektizide auf der Basis von chlorierten Kohlenwasserstoffen brach eine neue Ära in der Pflanzenschutzmittelproduktion an, die durch die Einführung weiterer Mittel auf anderen Wirkstoffbasen, wie z. B. der Phosphorsäureester und vieler anderer Wirkstoffe, ergänzt wurden, zu denen in jüngster Zeit schließlich Wuchshemmungsmittel auf CCC-Basis hinzutraten.

Landwirtschaft und Gartenbau werden durch die starke Chemisierung und die zunehmende Motorisierung belastet, wobei Auspuffgase von Dieselfahrzeugen in Pflanzenbeständen an oft befahrenen Wirtschaftswegen zu einer Anreicherung u. a. des Gehaltes an dem toxischen Kadmium, Blei und Chlor führten, so daß die Feldbestände beiderseits derartiger Straßen u. U. bis zu 150 m um ein Vielfaches des normalen Gehaltes an biologischen Schadstoffen beaufschlagt sind. Diese hohe Gravidität mit bioziden Stoffen, denen insbesondere landwirtschaftliche Pflanzen ausgesetzt sind, ist nicht ohne Rückwirkungen auf Mensch und Tier, wenn ihr nicht mit entsprechenden präventiven Maßnahmen begegnet wird.

Solchen Maßnahmen ist in Großstadt- und Industriegebieten eine erhöhte Bedeutung und Aufmerksamkeit beizumessen, da die Biosphäre in diesen Biotopen infolge von Kumulations- und Summationseffekten einer besonderen Beeinflussung unterliegt.

Es darf postuliert werden, daß hier ein Komplex von Einflußgrößen in einem Beziehungsgefüge steht und in ihm wirksam ist. Um in diesem Zusammenhang die modifikatorischen Einflüsse von Immissionen eines chemischen Großbetriebes in bezug auf ihre limitierenden Eigentümlichkeiten untersuchen zu können, schlugen wir dem Kombinat VEB Chemische Werke Buna in Schkopau 1966 vor, eine Feldversuchsstation für Immissionskunde einzurichten, deren Aufgabe es sein sollte, unter den gegebenen Standortbedingungen und unter Berücksichtigung der agrochemischen, pflanzenbaulichen sowie betriebswirtschaftlichen Verhältnisse in der Landwirtschaft und im Gartenbau die Kulturpflanzen auf das Wuchs- und Immissionsverhalten vergleichend zu testen (vergleichende Immissionspathologie).

2. *Material und Methodik*

Bei der Einrichtung der Feldversuchsstation gingen wir von langjährigen eigenen Erfahrungen auf dem Gebiete der wissenschaftlichen und praktischen Immissionskunde aus. Auf einem im Hauptschadgebiet (leewärts des Werkes) etwa 1500 m von den Emissionsquellen entfernt gelegenen 15 000 m^2 großen Gelände wurden Anpflanzungen von Obst- und Begrünungsgehölzen vorgenommen, wobei die ersteren in Sortimenten in verschiedenen Unterlagenkombinationen verwendet wurden.

Mit Sortimentsansaaten und -anpflanzungen wurden Gemüsearten und Zierpflanzen geprüft.

Die Versuchsflächen wurden standortkundlich rekognosziert, so daß die Standortfaktoren in ihrer ökophysiologischen Bedeutung entsprechend berücksichtigt werden. Neben einem Feldlabor stehen zwei Arbeitsräume zur Verfügung. Zur Anzucht der Versuchspflanzen hat die Feldversuchsstation ein Gewächshaus als Warmhaus.

Ausgehend von den definierten Standortbedingungen und Ergebnissen aus früheren Untersuchungen werden neben visuell/deskriptiven Methoden Freiland- und Feldversuche sowie Kasten- und Gefäßversuche (Mitscherlichgefäße) durchgeführt. Die Versuchspflanzen werden nicht mit Pflanzenschutzmitteln behandelt, deren Applikation insbesondere bei den Organophosphor-Insektiziden, die Thiophosphat- u./od. Thioätherverbindungen in den Molekülen enthalten und leicht in vitro und in vivo zu Oxon-, Sulfoxid oder zu Sulfon-Derivaten oxidieren. Diese durch Oxidation entstandenen Metaboliten sind in der Regel toxischer als das Ausgangsmaterial, so daß man bei Rückstandsanalysen der aufgewendeten Insektizide allein den effektiven Grad der residuellen Toxizität nicht zum Ausdruck bringt, ohne die Metaboliten in Pflanzenproben zu bestimmen.

Die Anwendung derartiger Mittel verursacht einen Mehraufwand an Arbeit und erhöht zudem den Schwefelgehalt der behandelten Pflanzen, der die Ergebnisse der Bestimmung des Gesamtschwefelgehaltes in Pflanzenproben zum Nachweis von SO_2-Einwirkungen beeinflußt.

Die biotrope Luftbelastung mit SO_2 wird nach der Methode von West und Gaeke bestimmt, die darin besteht, daß das zu bestimmende Gas mit der Luft in eine Adsorptionslösung von Natriumtetrachloromerkurat gesogen, mit Formaldehyd und p-Rosanilin versetzt und die sich dabei bildende rotviolette Sulfonsäure spektroskopisch ausgewertet wird.

Cl-Ionen werden mit Hilfe der Draegerröhrchen im Gasspürgerät colorimetrisch gemessen.

Zur Ermittlung von Standard-Symptomenbildern des Schwefeldioxids in seiner Wirkung auf Obstgehölze wurden alternierende Begasungsversuche auf dem Prüffeld Hartha der Sektion Forstwissenschaft der TU Dresden mit in Mitscherlichgefäßen getopften einjährigen Veredlungen eines Apfelsortimentes, von Pfirsichen und Walnußbäumen durchgeführt.

In diesen Versuchen wurden die Ausbildungen von Schadsymptomen in Abhängigkeit von der Sorte, der Einwirkungskonzentration und -dauer, sowie zur Ermittlung von Grenzkonzentrationen und einer fungiziden Wirkung des SO_2 gegen Apfelmehltau untersucht.

Die postexperimentellen Untersuchungen ergaben Möglichkeiten zum sortenunterschiedlichen Verhalten nach erlittenen Begasungen mit definierten Konzentrationen, und zwar insbesondere im Hinblick auf die Länge der Erholungspause bzw. -intensität bis zum Wiederaustrieb der begasten Gehölze, die je nach den aufgewendeten SO_2-Konzentrationen z. T. hohe Schädigungsgrade aufwiesen.

Im Zusammenhang mit diesen Untersuchungen wurden vergleichend-symptomatologisch/pathogenetische Beobachtungen in Verbindung mit histologisch/physiologischen Studien angestellt.

Das Versuchsmaterial bot weiterhin Möglichkeiten zur Ermittlung des sortenunterschiedlichen Resistenzverhaltens gegen die Einwirkung verschiedener SO_2-Konzentrationen.

Als Kriterien für den Zeitpunkt des Eintrittes einer über die Anfangsbeeinflussung hinausgehenden phytotoxischen Wirkung dienten neben anatomisch/histologischen Untersuchungen Chlorophyll-Untersuchungen, denen bei SO_2-Immissionen eine besondere Rolle zukommt. Es wurde vorwiegend papierchromatographisch und in manchen Fällen dünnschichtchromatographisch gearbeitet. Untersucht wurden mit guten Trenneffekten neben den Bestandteilen des Chlorophylls die bei den Rosaceen häufigsten Begleitstoffe Xanthophyll und β-Karotin, als dem weitaus verbreitetsten der Karotinoide.

3. *Vegetative Wirkungen von Schadstoffen*

3.1. Anatomisch/phytophylaktische Eigenschaften der Pflanzen und Pflanzenteile

Die Wirksamkeit des SO_2 hängt von zahlreichen endogenen und exogenen Faktoren ab. Soweit die endogenen Faktoren im Rahmen der genetisch fixierten Reaktionsnorm der Pflanze eigentümlich sind, bezeichnen wir ihre Gesamtheit als phytophylaktische Eigenschaften. Diese Eigenschaften sind im allgemeinen von Pflanzenart zu Pflanzenart, von Sorte zu Sorte und nicht selten von Individuum zu Individuum unterschiedlich zu bewerten. Sie können morphologischer, anatomischer und physiologischer Natur sein.

Wir untersuchten blattanatomisch insbesondere den Apfel, wobei die zu untersuchenden Blätter jeweils dem unteren Seitenholz (Lichtblätter) — einheitlich insertiert — entnommen wurden. Die Blätter wurden teils frisch, teils fixiert handgeschnitten. Als Fixierungslösung verwendeten wir die Müllersche Mischung. Die Fixierung erhöhte die Schnittfähigkeit des Blattmaterials, weil sie eine gewisse Glasigkeit hervorrief. Zum Schneiden wurden jeweils an derselben Stelle zwischen der dritten und vierten Blattader (Seitenader I. Ordnung) Blattpartien herauspräpariert und Querschnitte sowie Flächenschnitte angefertigt. Gemessen wurden die Blattdicke, die Epidermis und die Epidermisoberhaut.

Für mikroskopische Untersuchungen entzogen wir dem Blattgewebe durch Vakuum-Infiltration die Luft, um es zum Erkennen von intrazellulären Wirkungseffekten von SO_2 durchsichtiger zu machen.

Die Blattdicke wurde mit 20×7-Teilstrichen $= 6\,\mu m$ gemessen und die Epidermis in Ölimmersion mit 60×7-Teilstrichen $= 2\,\mu m$.

Gemessen wurde in den Rippen IV. Ordnung. Als Immersionsmittel verwendeten wir nicht Canadabalsam, sondern „Anisol", das im Gegensatz zum Canadabalsam ohne Rücksttnd verdunstet und demzufolge besser geeignet ist.

Die Blattdicke wurde von der Oberfläche bis zur Ansatzstelle der Haare gemessen. Die von uns untersuchten Apfelsorten hatten ohne Ausnahme einzellige, unverzweigte und dickwandige Haare. Verständlicherweise ist die Dichte der Haare bei den noch nicht ausgewachsenen Blättern weitaus höher als bei den ausgewachsenen, zumal juvenile Blätter bereits die gleiche Anzahl von Haaren besitzen.

Im allgemeinen reichten 10 Messungen, um entsprechende arithmetische Mittelwerte zu erhalten, die dann mit den ermittelten Eichwerten multipliziert worden sind.

Neben den Obstarten untersuchten wir Vertreter der Saxifragaceen, Juglandaceen, Oleaceen, Papilonaceen, Caprifoliaceen, Elaegnus und Rhamnaceen, deren Werte hinsichtlich der Epidermis-Dicken und der Epidermis-Oberhäute in Verbindung mit dem Verhalten dieser Pflanzen gegenüber der Einwirkung von SO_2-Immissionen erkennen lassen, daß diese Bereiche der Blätter keine ausgeprägten phytophylaktischen Eigenschaften aufweisen. Offenbar kann das nur dann erwartet werden, wenn die Epidermen der Blätter höhere Sukkulenzgrade ausgebildet haben.

Anatomisch bedingte Resistenzeigenschaften an Blättern von Holzgewächsen sind mithin vor allem im stomatären Bereich sowie im Mesophyll, und zwar insbesondere im Schwammparenchym zu suchen (Abb. 1 und 2).

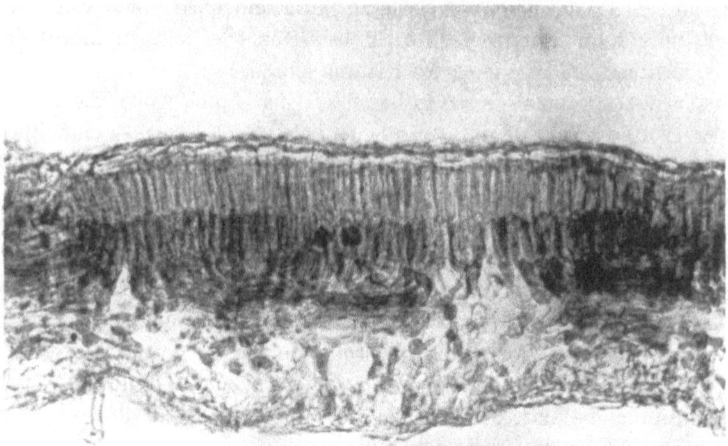

Abb. 1 Blattquerschnitt von Malus (Weißer Klarapfel), nicht SO_2-beeinflußt (Aufn. Dr. O. Auersch).

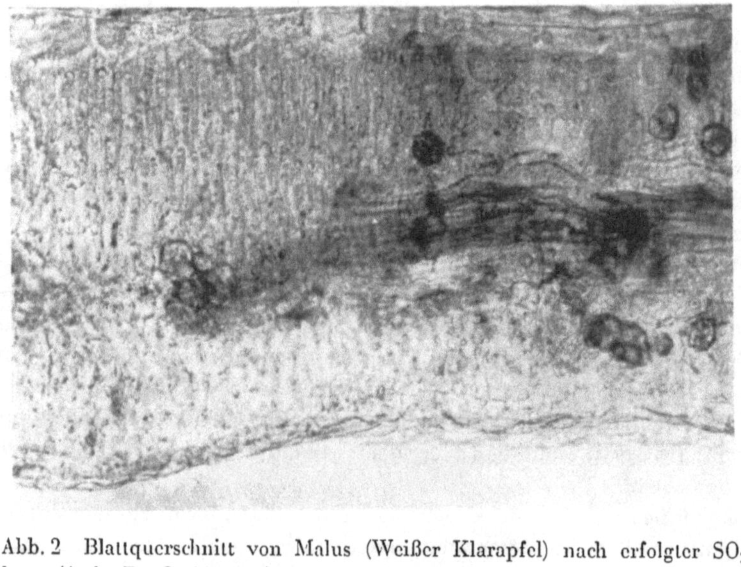

Abb. 2 Blattquerschnitt von Malus (Weißer Klarapfel) nach erfolgter SO_2-Einwirkung (Aufn. Dr. O. Auersch).

Die Aufnahme von Schwefeldioxid wird — wie allgemein gilt — einerseits von Pflanzen mit weiten Stomata, wie z. B. der Curcubitaceen, begünstigt, andererseits wird der Zutritt von SO_2 durch die Stomata mancher Gewächse, wie beispielsweise bei Hypophae rhamnoides L., stark gehemmt. indem jeder Schließzelle ein dicht behaarter Vorhof vorgeschaltet ist, der gewissermaßen wie ein Filter wirkt.

In diesem Zusammenhang ist die bereits erwähnte dichte Behaarung der juvenilen Blätter von Holzgewächsen zu betrachten. Diese Blätter besitzen überdies noch nicht voll funktionsfähige stomatäre Einrichtungen. Ihr Gewebe ist reich an Wasser und enthält zwei- bis dreifache Mengen an Wuchsstoffen. Eine wesentliche weitere in phytophylaktischer Hinsicht sich auswirkende Eigenschaft liegt darin, daß das Chlorophyll in den terminalen Blättern seine endgültige Zusammensetzung noch nicht erreicht hat. Die gegen die Einwirkung von SO_2 sehr resistente Komponente b herrscht bei weitem vor.

Die angeführten Merkmale bewirken in ihrer Gesamtheit eine hohe Resistenz der terminalen Blätter 1 bis 2 bis 3, so daß Immissionsbelastungen bis zum Vielfachen von denen der ausgewachsenen Blätter mit der normalen Chlorophyllzusammensetzung ohne Symptomausbildung vertragen werden. Erst wenn sehr hohe SO_2-Konzentrationen einwirken, kommt es auch bei diesen Blättern zu Schadsymptomen.

Die gleiche Erscheinung zeigte sich auch an krautigen Pflanzen, wie z. B. Sellerie, Salat, Tomaten u. a.

Solange Obstbaumbestände oder Gehölze der Umweltgestaltung und der Landschaftsgestaltung nach dem Austreiben im Frühjahr 1 bis 3 Blätter getrieben haben, sind die Pflanzen gegen die Einwirkung von SO_2 weitgehend unanfällig, so daß selbst erhöhte Konzentrationen dieses persistenten Gases keine Schäden verursachen.

3.2. Mechanismen der Schadstoffintoxikationen

SO_2 wird von den durch uns untersuchten Kulturpflanzen (Obstgehölze, Gehölze der Umweltgestaltung und Landschaftsgestaltung) stomatär aufgenommen, d. h. im wesentlichen durch die Stomata der Blätter und durch die Atemöffnungen der chlorophyllführenden Zweige.

Die Intensität der Aufnahme des Schwefeldioxids durch die Blattorgane in alternierenden Begasungsversuchen, die wir in den Jahren von 1961 bis 1965 auf dem Prüffeld Hartha der Sektion Forstwissenschaft der TU Dresden jeweils in den Monaten Juli bis August (bei gleichem Sonnenstand) durchführten, steigerte sich ab 8.30 Uhr bei weit geöffneten Stomata und entsprechender lebhafter Assimilationstätigkeit bis 13.00 Uhr, um danach mit einsetzendem Spaltenschluß abzufallen und am Nachmittag noch einmal wenig anzusteigen, so daß eine zweigipfelige Wirkungskurve im Tagesablauf entstand.

Naturgemäß ist der Kurvenverlauf in Abhängigkeit von den Witterungsverhältnissen und Begasungsbedingungen großen Schwankungen unterworfen, wobei zu beachten ist, daß durch die Weichfolien der Begasungskabinen eine spektrale Veränderung des Lichtes durch eine größere Absorption der kurzwelligen Strahlenbereiche eintrat, die besonders bei hellem Sonnenschein wirksam wird.

Nicht zuletzt dieser Umstand trägt dazu bei, daß sich Ergebnisse aus Begasungsversuchen mit Kulturpflanzen unter vielen Aspekten nicht ohne weiteres auf Freilandverhältnisse übertragen lassen.

Die „Konzentration: Einwirkungsdauer—Relation“ ist auch im subsymptomatischen Bereich unter Berücksichtigung der vielfältigen modifikatorischen Einflüsse von Umweltfaktoren besonders zu beachten.

Seit Sorauer wird in solchen Einflußbereichen bis in unsere Tage von „unsichtbaren Schädigungen“ der Pflanzen gesprochen. Damit wurde und wird unterstellt, daß jedwede SO_2-Immissionseinwirkung pflanzenschädlich bzw. sogar ertragsbeeinflussend ist.

Im Zusammenhang mit vergleichenden anatomischen Untersuchungen in vitro und in vivo lassen sich im unterschwelligen Immissionsbereich von SO_2 relativ deutlich „Intoxikationsphasen“ unterscheiden.

Die *erste Phase* ist jene, in der eingedrungene SO_2-Dosen im Schwammparenchym abgefangen und oxidativ sowie reduktiv metabolisiert werden, ohne daß die Glukoseaktivität beeinträchtigt wird bzw. Chlorophyllveränderungen eintreten. Die osmoregulatorischen Eigenschaften der Plasmagrenzschichten und Plasmastränge werden nicht verändert.

In *Phase zwei* treten Veränderungen in der Zusammensetzung des Chlorophylls ein, indem die Komponente a in den Chloroplasten zersetzt und aus dem Chlorophyll herausgelöst wird, ohne daß die Chloroplasten ihre Form verändern. Diese Wirkung erstreckt sich auch über die Zellen des Palisadenparenchyms und verursacht als Anfangssymptome an der oberen Epidermis aufgehellte Flecken bzw. Flächen. Sich über die gesamte Blattspreite erstreckende Aufhellungseffekte stellten wir erstmalig an getopften begasten Apfelbäumchen fest und später an Apfel und Himbeere im Freiland.

Treten keine weiteren Gasstöße ein, dann sind solche immissionell induzierte Effekte reversibel, was die Annahme nahe legt, daß die Chloroplasten ihre Funktionsfähigkeit noch nicht verloren haben. Auch die Plasmagrenzschichten und Plasmastränge haben ihre Permeabilität noch nicht ganz eingebüßt.

In *Phase drei* kommt es zur Auflösung der Chlorophyllkomponente b und damit zur Schrumpfung der Chloroplasten, wobei die Zerfallsprodukte des

Chlorophylls a Phäophitine mehr oder weniger zur Verfärbung der Blätter führen. Es tritt eine weitgehende a-Funktion der Blätter oder großer Blattpartien ein.

3.3. Symptomenbilder an den Assimilationsorganen

Die Ausbildung von Schad- oder Symptomenbildern an den grünen Blättern höherer Pflanzen in Form und Intensität hängt von der einwirkenden SO_2-Konzentration, der Pflanzenart, der Einwirkungsdauer, den Einwirkungsbedingungen und im Freiland von den neben Schwefeldioxid einwirkenden Chemikalien ab. SO_2 verursacht in der Regel intercostale Nekrosen, weil die Wasserversorgung in diesen Bereichen zuerst ins Minimum kommt.

3.4. Resistenzmerkmale

Nach dem neuesten Erkenntnisstand möchten wir darauf hinweisen, daß es keine absolute Immissionsresistenz innerhalb der von uns untersuchten Obst- und Begrünungsgehölze zu geben scheint.

Jedoch dürfen wir von gewissen Resistenzmerkmalen sprechen, die nur bedingt zu einer Aufstellung von Resistenzreihen berechtigen (Auersch [1]).

Wir sprechen von schadstoffspezifischer Resistenz, wenn z. B. die Prunusarten gegen die Einwirkung von SO_2 weitgehend resistent, gegen die Chlorideinflüsse aber anfällig sind. Die untersuchten Apfelsorten sind gegen die SO_2-Einwirkungen anfälliger als die Birnen, was kausal mit den relativ flachen Schwammschichten der Blätter im Gegensatz zu dem Bauprinzip des Mesophylls der Prunusarten zusammenhängt (Abb. 3 bis 5).

Bemerkenswerte Abweichungen ergaben sich bei den bearbeiteten Apfelsorten dahingehend, daß sie gegenüber einem Birnensortiment auf Birnenquitte nach der Pflanzung früher eine enge Biozönose zwischen Wurzelsystem und Rhizosphäre erreichten und infolgedessen gegen die SO_2-Einwirkungen widerstandsfähiger waren als das Birnensortiment.

4. Generative Wirkungen von bioziden Stoffen auf Pflanzen

Systematische Untersuchungen über die Beeinflussung der Blüten bzw. Fruchtbildungen durch Ausstöße von festen und gasförmigen Industrieausstößen liegen im großen und ganzen nur aus der forstlichen Rauchschadenforschung vor.

Pelz [2] berichtete 1959 über die Fruktifikation rauchgeschädigter Fichtenbestände und kommt zu dem Schluß, daß die rauchgeschädigten Bestände nur gering fruktifizieren. Vereinzelt wurden kleine und leichte Zapfen gegenüber

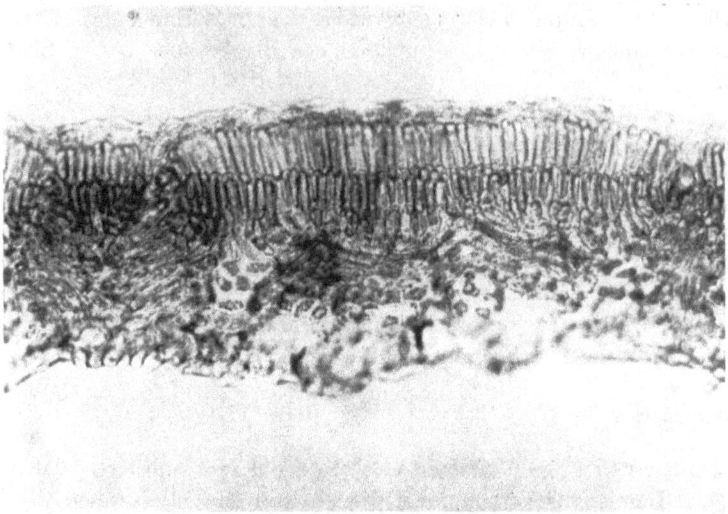

Abb. 3 Blattquerschnitt von Prunus domestica L. (Viktoria Pflaume). Betontes Schwammparenchym (Aufn. Dr. O. AUERSCH).

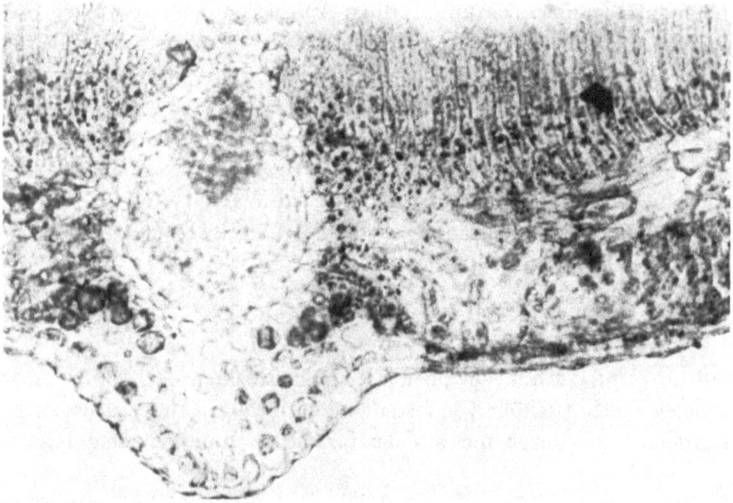

Abb. 4 Blattquerschnitt von Prunus cerasum – Querschnitt durch Blattader, nicht SO_2-beeinflußt (Aufn.: Dr. O. AUERSCH, 1965).

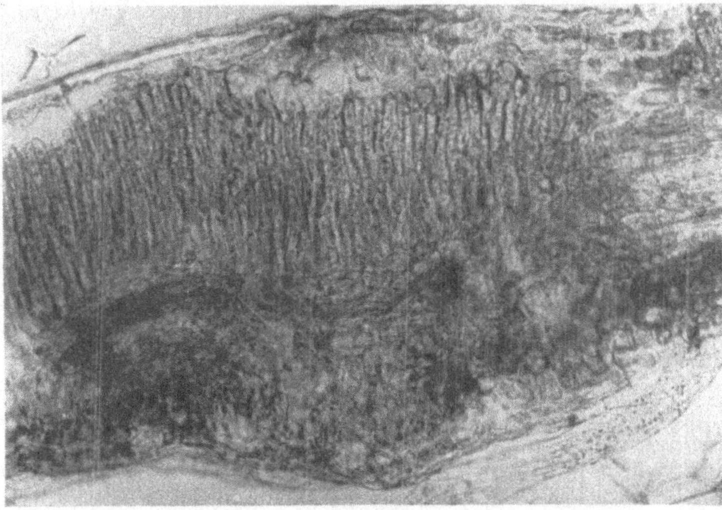

Abb. 5 Blattquerschnitt von Prunus cerasum — SO_2-beeinflußt (Aufn. Dr. O. AUERSCH, 1965).

den Samen aus rauchfreien Lagen gebildet. Die von PELZ mitgeteilten Ergebnisse stimmen mit denen anderer Autoren überein, so daß sie als gesichert gelten können.

HÖLTE berichtete, daß die Obstbäume im Ruhrgebiet trotz reichen Blühens keine Früchte tragen.

Diese Beobachtungen lassen sich aus unserem Beobachtungsgebiet bestätigen. Wir haben in diesem Zusammenhang gesichert nachgewiesen, daß hygroskopische Feinstäube das von der geschlechtsreifen Eizelle in der Samenanlage portioniert hormonal gesteuert auf die Narbe entlassene Narbensekret aufsaugen, so daß der auftreffende Pollen kein Keimungsmedium vorfindet, keine Befruchtung zustande kommen kann, und die Blüten taub abfallen.

Von uns noch nicht ausdeutbar sind Beobachtungen über durch Immissionen induzierte Blütenlosigkeit durch Entzug von kurzwelligen Strahlenbereichen, in denen die Wirkung von Blühhormonen nicht ausgelöst wird bzw. deren Bildung unterbleibt.

Erwähnenswert sind in dieser Hinsicht die an mehreren Standorten gemachten Beobachtungen, wie z. B. im Immissionsgebiet der Leunawerke, daß Erbsen (Pisum sativum) und Kartoffeln nicht oder nur außerordentlich spärlich blühen.

Gleiche Beobachtungen teilt FORTMANN aus dem Ruhrgebiet mit.

Auf der Feldversuchsstation für Immissionskunde laufen z. Z. Einbeutelungsversuche an Stauden, mit denen wir versuchen, diese Fragen einer Klärung näherzubringen.

Dabei werden bestimmte Prozentsätze von UV-Strahlen aus der Globalstrahlung eliminiert und damit das Tageslicht spektral verändert.

5. *Phytotoxische Reichweiten und Grenzkonzentrationen (Toleranzwerte) von SO_2*

Die Industrie ist im Hinblick auf die Ausbreitung und Wirkung von Schwefeldioxid in der Atmosphäre im wesentlichen an zwei Fragen vorrangig interessiert:

a) in welchem Bereich bzw. bis zu welcher Entfernung von der Emissionsquelle rufen SO_2-Immissionen Pflanzenschäden hervor?
und

b) wo liegen die Schwellenwerte bzw. Grenzkonzentrationen, die zu keinen physiologischen Pflanzenschäden und/oder Ertragsminderungen bzw. zu Beeinflussungen der Qualität der Erntegüter führen?

Der gesicherten Beantwortung beider Fragen kommt in industriellen Ballungsgebieten eine erhöhte Bedeutung zu.

Um u. a. diese Probleme entsprechend sinnvoll untersuchen zu können, kam es bei der Einrichtung der Feldversuchsstation für Immissionskunde darauf an, einen Standort nach Lage und territorialer Größe zu wählen, der repräsentative Ergebnisse erwarten ließ.

Mit der Einrichtung der Feldversuchsstation wurde demzufolge 1966 auf einer rd. 6000 m^2 großen, südöstlich etwa 1500 m von den Emmissionsquellen des Kombinates VEB Chemische Werke Buna entfernt gelegenen Fläche begonnen.

Unter den eingehend rekognoszierten Standortbedingungen wurde ein umfassender Testpflanzenbau aufgenommen, dessen Aufgabe insbesondere ist, neben dem Wuchsverhalten und den Ertrags- bzw. Qualitätsleistungen der landwirtschaftlichen und gärtnerischen Kulturpflanzen das Immissionsverhalten in Beziehung zu den Wachstumsbedingungen und zu der biotropen SO_2-Belastung zu untersuchen.

Dabei geht man zweckmäßig davon aus, daß SO_2 in seiner phytotoxischen Wirksamkeit im Gegensatz zu vielen anderen Schadstoffen in erhöhtem Maße von den Standortverhältnissen im weitesten Sinne abhängt und zudem in der territorialen Ausbreitung mit fallender Konzentration sich u. U. relativ weit verteilt. Es ist deshalb nicht verwunderlich, wenn viele Bearbeiter auch gleichzeitig eine weitreichende phytotoxische Wirkung dieses Abgases annehmen.

Diese Reichweiten führen in Ballungsgebieten mehr oder minder großräumig zu einer „Grundbelastung", die bei kurzlebigen landwirtschaftlichen Nutzpflanzen keine Schlußfolgerungen im Hinblick auf eine limitierende Wirkung in den Ertrags- und Qualitätsleistungen gestattet.

Die Grenzkonzentrationen lassen sich in Gebieten mit landwirtschaftlichem Pflanzenbau am besten an den weitaus am häufigsten angebauten Kulturpflanzen veranschaulichen. Im Untersuchungsgebiet, d. h. in der Immissionslage des Kombinates VEB Chemische Werke Buna in Schkopau sind das die Getreidearten Winterweizen und Wintergerste, deren Anbaufläche rd. 80% der landwirtschaftlichen Nutzfläche einnimmt. In großen Teilen dieser Wirtschaftsflächen werden von uns Freilandbeobachtungen durchgeführt und Feldversuche angestellt.

Bei den Getreidearten sind unter entwicklungsbiologischen Aspekten im wesentlichen 2 Stadien bekannt, in denen die Pflanzen gegen SO_2-Einwirkungen besonders empfindlich sind. Das eine von ihnen liegt in der Zeit der beginnenden Bestockung der Pflanzen und das andere in der Blütezeit.

Während eine Einwirkung im ersteren Stadium keinen Einfluß auf den Ertrag ausübt, wirken sich SO_2-Immissionseinflüsse von höheren Konzentrationen in der Blütezeit in der Regel ertragsmindernd aus. Die unterschiedliche SO_2-Anfälligkeit von Winterweizen und Winterroggen zur Zeit des Vegetationsbeginns im zeitigen Frühjahr läßt erkennen, daß die Temperaturverhältnisse in den Wintermonaten die Wirkung von Schwefeldioxid auf die Wintersaaten stark abschwächen bzw. ganz ausschließen.

Winterweizen stellt an die Temperatur im Frühjahr höhere Ansprüche als Winterroggen und beginnt infolgedessen später mit dem Wachstum als dieser. Da die „Grundbelastung" mit SO_2 bis kurz vor die Zeit des Ährenschiebens des Getreides in bezug auf eine Ertragsminderung keine Rolle spielt, werden die Monate Mai, Juni und Juli besonders betrachtet, weil in dieser Zeit nicht nur die intensivste Entwicklung der Pflanzen liegt mit dem ertragsbestimmenden Einfluß, sondern auch die mögliche Gefährdung durch SO_2-Immissionen.

Abbildung 6 stellt die 24-Stunden-Mittelwerte dar, die am Standort der Feldversuchsstation in den fraglichen Monaten gemessen wurden. 95% der Meßwerte sind $< 0{,}4$ mg SO_2/m^3 Luft. Diesen Wert ermittelten wir für Getreide unter den Standortbedingungen in Schkopau als Toleranzwert, der übereinstimmt mit den von Zahn [3] in Begasungsversuchen an Getreide festgestellten Daten.

Mit Hilfe von Standortanalysen, wie z. B. in den Abbildungen 7 und 8 wiedergegeben, lassen sich Immissionsgebiete mit immissionsfreien Lagen in den wichtigsten Wachstumsfaktoren vergleichen und dabei die Ertragsleistungen unter vergleichbaren Standorteinheiten abschätzen.

Vergleichende Trendberechnungen der Entwicklung der Getreideerträge zwi-

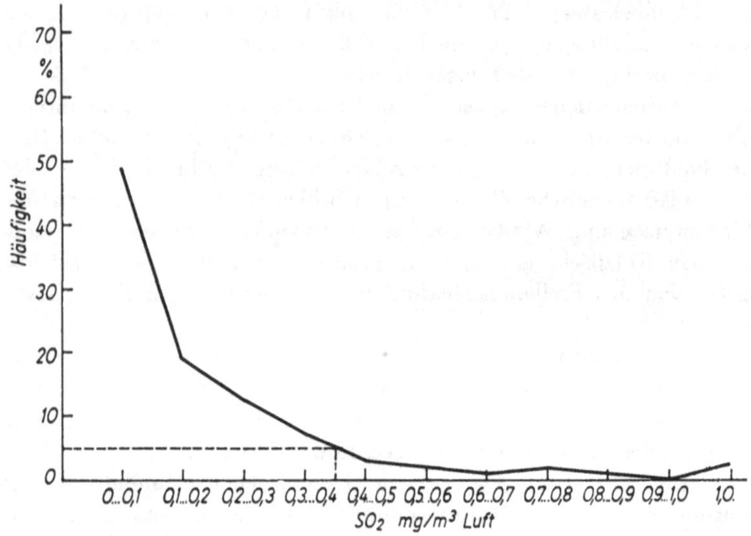

Abb. 6 Summenhäufigkeit der Tagesmittel von SO_2 (SO_2 mg/m³L.), jeweils in den Monaten Mai, Juni u. Juli in den Jahren 1969 bis 1972 auf den Versuchsflächen der Feldversuchsstation für Immissionskunde.

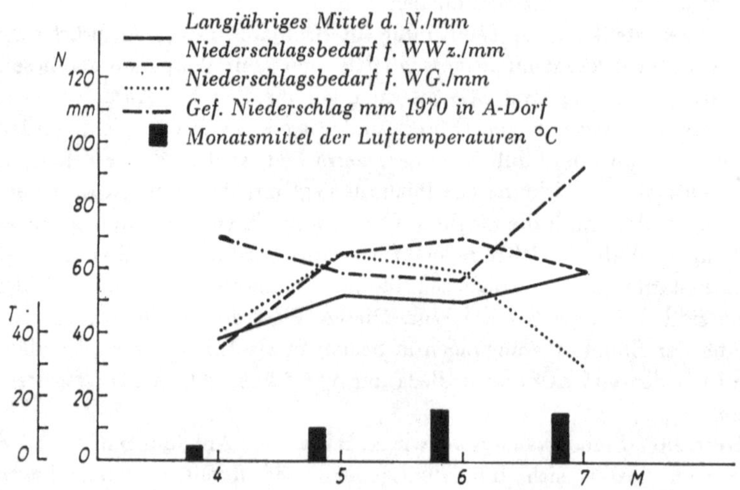

Abb. 7 Die Bedarfswerte an Niederschlägen von Winterweizen u. Wintergerste in mm in Beziehung zum langjährigen Mittel und zu den in den Monaten April bis Juli 1970 gefallenen Niederschlägen an der Feldversuchsstation in Schkopau.

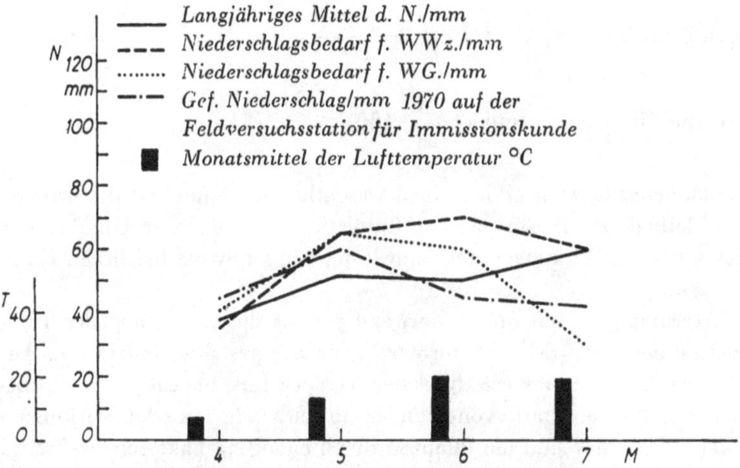

Abb. 8 Die Bedarfsmengen an Niederschlägen von Winterweizen u. Wintergerste in mm in Beziehung zum langjährigen Mittel und zu den in den Monaten April bis Juli 1970 gefallenen Niederschlägen an einem immissionsfreien Standort in A-Dorf.

schen den genannten Standorten ergänzen und sichern die Aussagen über die immissionellen Einflüsse von unterschwelligen SO_2-Konzentrationen auf Getreidebestände (Auersch [5]).

Der Trend wurde nach der Formel:

$y = a_0 - a_1 \cdot x$ errechnet,

wobei $a_0 = \frac{\sum y_i}{n}$ $\qquad a_1 = \frac{\sum y_i x_i}{\sum x_i^2}$

y sind die den statistisch ermittelten Werten entsprechenden Werte

a_0 stellt das „absolute“ Glied dieser Gleichung dar (hier den mathematisch durchschnittlichen Wert)

a_1 ist der Richtungsfaktor (durchschnittliche Veränderung im Zeitabschnitt)

i sind die statistisch ermittelten Werte

n drückt die Anzahl der untersuchten Zeitabstände aus

x ist die Numerierung der Zeitabstände

$$a_0 = \frac{\sum y_i \cdot \sum x_i^2 \;./\cdot\; \sum x_i \cdot \sum x_i y_i}{n \cdot \sum x_i^2 \,/\, (\sum x_i)^2}$$

$$a_1 = \frac{n \cdot \sum y_i x_i \;./\cdot\; \sum x_i \cdot \sum y_i}{n \cdot \sum x_i^2 \;./\cdot\; (\sum x_i)^2}$$

M (durchschnittliche Anpassung) $\sqrt{\frac{\sum (y_i/y_i)^2}{n}}$

V (durchschnittliche Abweichung) $\frac{M}{a_0} \cdot 100$

Diese Trendberechnungen bilden einen wesentlichen Bestandteil der ertragskundlichen Methode zur Bewertung von Immissionssituationen im Hinblick auf ertragsbeeinflussende Wirkungen der Immissionen in landwirtschaftlichen Nutzpflanzenbeständen.

Solche Berechnungen sind um so notwendiger, als die Ermittlung der Toleranzkonzentrationen von SO_2 sich insofern schwierig gestaltet, indem eine bestimmte Konzentration unter verschiedenen Temperatur-, Feuchtigkeits-, Licht- und Anbauverhältnissen stark voneinander abweichende toxische Wirkungen auslösen kann. Überdies sind die Pflanzen durch endogene Faktoren wechselnd prädisponiert usw.

Nicht selten wirken neben Schwefeldioxid noch andere Schadstoffe (Kombinationswirkungen) und erhöhen die Toxizität beträchtlich. Abbildung 9 zeigt z. B. eine derartige Wirkung auf Straßenbäume (Süßkirschen), die neben dem Unterwuchs- und den benachbarten Feldbeständen stark geschädigt wurden.

Abb. 9 Starke Vegetationsschäden durch Haldenbrand an Süßkirschen und am Unterwuchs im Kreise Weißenfels 1962. Hauptschadkomponenten SO_2 u. Merkaptane (Aufn. Dr. O. Auersch).

Die Abgase entsprangen einem Haldenbrand im Kreise Weißenfels. Die Schadwirkung erstreckte sich bis 500 m in das Gelände.

Wir haben in Abbildung 7 und 8 neben den Temperaturen die Niederschläge dargestellt, weil das Wasser der unsicherste Klimafaktor ist. Diesem Faktor kommt in den Immissionsgebieten von Industriebetrieben eine erhöhte Bedeutung zu, und zwar nicht nur im Hinblick auf das Wachstum und das Auftreten von Getreidemehltau, sondern auch in bezug auf das Immissionsverhalten der Pflanzen. Tritt z. B. nach anhaltendem trübem Regenwetter in Zeiten starken Pflanzenwachstums sonnige Witterung ein, nehmen die zarten weitlumigen Blätter mit voll geöffneten Stomata in der Zeiteinheit wesentlich mehr SO_2 auf, so daß symptomatisch feststellbare Wirkungen eintreten können. Unter solchen Umständen führt eine bestimmte SO_2-Immissionskonzentration zu einer dreifachen toxischen Wirksamkeit bei Getreide. Andererseits kommen bei trübem Wetter von den Pflanzen aufgenommene SO_2-Dosen bei späterem Eintritt von sonniger und warmer Witterung und damit steigender Aktivität der Pflanzen zur vollen toxischen Wirkung, so daß Schadsymptome in den intercostalen Blattbereichen ausgeprägt werden. Solche Symptomenbilder beobachteten wir unter den Schkopauer Verhältnissen 5 bis 7 Tage nach erfolgter SO_2-Einwirkung. Ständig wechselnde Windrichtungen und -stärken führen auch im Bereich der unterschwelligen SO_2-Konzentrationen zu Gasstößen, zwischen denen verschieden lange Intervalle liegen.

Welche Bedeutung die Witterungsfaktoren als Parameter in der Konzentration-Einwirkungsdauer-Relation in bezug auf die Vegetationsgefährdung erlangen, wird unter den Verhältnissen einer Inversionswetterlage mit keiner oder nur geringer vertikaler Turbulenz besonders deutlich. Hier treten hohe SO_2-Konzentrationen auf, die leewärts des Werkes bis zu 3 km Pflanzenschäden verursachen — und je nach Witterung — bis maximal 5 km ausklingende Einflüsse auf die Pflanzenbestände im landwirtschaftlichen Pflanzenbau ausüben.

Demgegenüber bleibt die in Ballungsgebieten bestehende Grundbelastung mit SO_2 unterschwellig in bezug auf die Vegetationsgefährdung (Abb. 6).

Geruchsintensive Stoffe geben zwar — gewissermaßen als Indikatoren — Aufschluß über mögliche Ausbreitung und Reichweiten von SO_2 im erdnahen Bereich unter bestimmten Witterungsbedingungen. Diese Tatsache bestätigt, daß in industriellen Ballungsgebieten großräumig eine Grundbelastung zustande kommt. Diese „allgemeine“ SO_2-Belastung bleibt jedoch im Hinblick auf eine ertragsmindernde Wirkung im Anbau von kurzlebigen landwirtschaftlichen Kulturpflanzen ohne jede wirtschaftliche Bedeutung, da sie die Ertragsleistungen der landwirtschaftlichen Nutzpflanzen nicht negativ beeinflußt.

Unter den Belastungen in der Imissionslage des Kombinates VEB Chemische Werke Buna in Schkopau (Abb. 6) wurden in den Jahren 1965 bis 1970 mit dem üblichen Kostensatz bzw. Düngeraufwand bei einer der wichtigsten Getreidearten im Vergleich zu einem immissionsfreien Standort mit gleicher Bodenwertzahl und gleicher Standorteinheit (Abb. 7 und 8) an Wintergerste folgende Erträge (dt/ha) erzielt:

Tabelle 1

Variante	1965	1966	1967	1968	1969	1970
1	2	3	4	5	6	7
Bezugsvariante, Schkopau, Werksgut, immissionsbeeinflußt	28	27	33	39	30	29
Variante 1, A-Dorf immissionsfrei	36	36	39	42	41	40
$\bar{d}$ dt/ha	−8	−9	−6	−3	−11	−11

Die Meßreihen sind nach dem t-Test zu 99% gesichert.
t (x) für die Sicherheit 95; 99 und 99,9%
angewendet: I n Meßwerte x, $x_1 \ldots x_n$

Wahrscheinlichkeitswert = Mittel $\bar{x}\ \frac{\sum x_i}{n}$

$$\text{Streuung } S^2 = \frac{\sum (\bar{x} - x_i)^2}{n - 1}$$

1. Der wahre Wert liegt mit der geforderten Sicherheit innerhalb von

$$\bar{x} \pm t\,(n-1)\,\frac{S}{\sqrt{n}}$$

2. Die Annahme, daß der wahre Wert der Meßgröße vom Sollwert u abweicht, hat die geforderte Sicherheit, wenn

$$|\bar{x} - u|\,\frac{\sqrt{n}}{S} > t\,(n-1) \text{ ist.}$$

II Gegeben sind 2 Meßreihen:

$$x_1 \ldots x_n \quad \bar{x} = \frac{\sum x_i}{n}, \quad S_x^2 = \frac{\sum (x_i - \bar{x})^2}{n-1}$$

$$y_1 \cdots y_n \quad \bar{y} = \frac{\sum y_i}{m}, \quad S_y^2 = \frac{\sum (y_i - \bar{y})^2}{m-1}$$

$$S^2 = \frac{(n-1)\,S_x^2 + (m-1)\,S_y^2}{n + m - 2}$$

Die Annahme, daß die wahren Werte beider Messungen voneinander verschieden sind, hat die geforderte Sicherheit, wenn

$$\left|\frac{\bar{x} - \bar{y}}{S}\right| \sqrt{\frac{nm}{n + m}} > t\,(n + m - 2) \text{ ist.}$$

Die gleiche Sicherheit der Ertragsunterschiede ermittelten wir bei dem Winterweizen (Auersch [5]), dessen Anbaufläche die der Wintergerste in Schkopau übertrifft.

6. *Diskussion der Ergebnisse*

Einleitend wird die starke Chemisierung in Landwirtschaft und Gartenbau umrissen, wobei die damit für Mensch und Tier verbundenen Gefahren durch Kontamination von hochtoxischen Elementen, wie z. B. Blei und Kadmium, besonders herausgestellt werden.

Durch die ständig zunehmende Motorisierung mit Benzin- und Dieselkraftfahrzeugen steigen die Einwirkungen von Verkehrsabgasen, so daß Bleihalogenide, Bleioxide, unverbranntes Bleitetraäthyl und aus dem Dieselkraftverkehr vor allem Kadmium — das in seiner Toxizität dem Quecksilber gleichzusetzen ist — von den Pflanzen incorporiert bzw. kontaminiert werden. Das sehr toxische Cd hat die Eigenschaft, aus den Blättern in die Früchte transportiert und dort kumulativ gespeichert zu werden, so daß der Genuß solchen Obstes schwere Gefahren in sich birgt.

Auf diese Weise werden Feld- und Gartenbestände über 100 m weit beiderseits der Verkehrs- und Wirtschaftswege von den toxischen Bleiverbindungen sowie dem hochtoxischen Cd beeinflußt, so daß die Kulturpflanzen außerordentlich hohe Gehalte erreichen, die nicht nur den Menschen gefährden, sondern auch die landwirtschaftlichen Nutztiere und deren Leistungen, indem beispielsweise das Cd als Antagonist zum Cu dessen Haushalt stört.

Chemisierung der Landwirtschaft plus Verkehrsabgase plus Immissionen der Industrie, des Hausbrandes und des Gewerbes ergeben eine Situation mit hoher Gravidität, die der Umweltgestaltung hohe gesamtgesellschaftliche Aufgaben stellt. Der Geographie (Pflanzengeographie, Wirtschaftsgeographie usw.) kommt dabei in Verbindung mit der Gebiets- und Städteplanung eine besondere Bedeutung zu.

Die Landwirtschaft kann von sich aus zahlreiche Anpassungsmaßnahmen ergreifen, um vermeidbare Ertrags- und Leistungsminderungen in der pflanzlichen und tierischen Produktion auszuschließen.

Wir heben hervor, daß es keine „absolute" Resistenz der Pflanzen gegen Immissionseinwirkungen gibt, sondern bei den von uns untersuchten Gewächsen

„Resistenzmerkmale“, die morphologisch, anatomisch oder stoffwechselphysiologisch bedingt sein können. Dies wird an einigen Beispielen erläutert. Die Merkmale wirken in weitgehender Abhängigkeit von ökophysiologischen Einflüssen des Standortes im weitesten Sinne.

Es wird unterstrichen, daß die Industriebetriebe bei gewissen Gemeinsamkeiten „spezifische Immissionslagen“ haben. Das Kombinat VEB Chemische Werke Buna in Schkopau hat durch seine Feldversuchsstation für Immissionskunde nachgewiesen, daß es auch in Ballungsgebieten möglich ist, die phytotoxischen Reichweiten der Immissionen zu ermitteln, die für die Immissionssituation dieses Kombinates maximal 5 km betragen.

Wenn man die unterschiedliche Anfälligkeit der Gehölze auf SO_2 als Schadkomponente bezieht, dann lassen sich folgende Abstufungen herausstellen:

1. Als relativ widerstandsfähige Gehölze sind solche ostasiatischer Herkunft zu nennen, wie z. B. die Japanische Zierkirsche (Prunus serrulata Kanzan Koehne), die Japanische Lärche (Larix leptolepis), der Götterbaum (Ailanthus glandulosa), der Pfirsich (Prunus persicae) u. a.
2. Steinobst ist widerstandsfähiger als Kernobst
3. Birnen sind im allgemeinen widerstandsfähiger als der Apfel
4. Laubhölzer sind naturgemäß weniger SO_2-anfällig als Nadelhölzer
5. Kiefern sind durch größere Widerstandsfähigkeit gegenüber den Fichten ausgezeichnet — eine Ausnahme gilt für die Blaufichte, die weitgehend standortunabhängig eine gute Resistenz auch im Solitäranbau besitzt.

Kiefern haben im Gegensatz zu den Fichten die Fähigkeit, ihre Kronen abzuflachen, wenn sie in Zonen höheren Luftmassenwechsels mit vermehrter Zuführung von Abgasen gelangen. Die Kronenabflachung der Kiefern wird von manchen Autoren als eine Schutzmaßnahme der betreffenden Bäume aufgefaßt.

Die hinsichtlich der unterschiedlichen Immissionsanfälligkeit dargelegten Beobachtungsergebnisse sind unvollständig. Sie können überdies — wenn man von der in der Forstpflanzenzüchtung erzielten Kreuzung zwischen Japaner-Lärche und Europäer-Lärche absieht, jeweils nur unter den Standortbedingungen betrachtet werden, unter denen sie gewonnen wurden.

Die Bastarde aus der genannten Lärchenkreuzung wiesen die Resistenzeigenschaften der Japanischen Lärche gegen SO_2-Einwirkungen auf.

In der Relativität der Resistenzmerkmale liegt offenbar die Problematik in dem Bemühen, durch Freilandbonitäten ausdeutbare bzw. interpretierbare Ergebnisse zu erzielen. Aber gerade sie — so scheint uns — birgt viele Möglichkeiten in sich, durch vergleichende standortkundliche pflanzengeographische Untersuchungen weiter- und tiefergehende wissenschaftliche Erkenntnisse unter jeweiliger Berücksichtigung orographischer und lokalklimatischer Bedingungen zu erzielen, die als Ausgangspunkt für umweltgestaltende Maßnahmen dienen können.

Die von uns aufgefundenen Resistenzmerkmale werden nach weiteren Aspekten untersucht mit dem Ziel, sie für pflanzenzüchterische Zwecke nutzbar zu machen.

Auf die Zusammenhänge zwischen Immissionswirkungen auf Obstgehölze und deren Frostempfindlichkeit wiesen Auersch [5] und Börtitz [6] hin. Solche Folgewirkungen (Sekundärschäden), die sich in Frostplatten, Frostrissen usw. äußern, können vielerorts an immissionsexponierten Standorten auftreten.

Besondere „Frostlagen" im Territorium wären zu ermitteln, damit dort entsprechende Frostschutzmaßnahmen durchgeführt werden.

Wenn zur Schadwirkung von SO_2 weitere Komponenten hinzukommen, dann wird verständlicherweise die Schädigung der Umwelt verschärft, denn es treten Summationseffekte auf (Abb. 9).

In Immissionsgebieten verdient die Bienenhaltung eine besondere Förderung durch vermehrte Anpflanzung von Bienen-Trachtgehölzen in der umweltgestaltenden Begrünung.

In der Landwirtschaft kommt es darauf an, den veränderten düngerwirtschaftlichen Verhältnissen besser Rechnung zu tragen, um auch in den immissionsbeeinflußten Gebieten die Erträge zu sichern, zu steigern und damit der hohen Chemisierung entgegenzuwirken.

7. *Zusammenfassung*

Mit der steigenden Industrialisierung und dem wachsenden Kraftverkehr sowie der zunehmenden Besiedelungsdichte der Bevölkerung gehen ständig sich mehrende biozide Einflüsse auf die Umwelt einher.

Feste, flüssige, dampf- und gasförmige Ausstöße verunreinigen die Gewässer, den Boden und die Luft, d. h. die gesamte Biosphäre, so daß das Leben in allen Medien beeinflußt bzw. beeinträchtigt wird.

Während im Boden und in den Gewässern vorwiegend flüssige und feste Stoffe bodenbiologisch und hydrobiologisch schädlich wirken, herrschen in der atmosphärischen Luft die Schadwirkungen gasförmiger Exhalationen vor.

Unter dieser Schadstoffgruppe ist das Schwefeldioxid eines der verbreitetsten und daher besonders zu beachtenden Pflanzengifte, das insbesondere chlorophyllführende Pflanzenteile schädigt.

Ausgehend von der „lokalen Immissionslage" des Kombinates VEB Chemische Werke Buna, die eingehend untersucht wurde, und von den Ergebnissen der auf unseren Vorschlag vom Kombinat mit uns eingerichteten Feldversuchsstation für Immissionskunde sind im Hinblick auf die landwirtschaftliche Pflanzenproduktion vor allem folgende Fragen herauszustellen:

a) lassen sich bei kurzlebigen landwirtschaftlichen Nutzpflanzen Grenzkonzentrationen für SO_2-Schädigungen ermitteln
b) können gesicherte Aussagen über phytotoxische Wirkungen gemacht werden
c) ist es möglich, durch hohe SO_2-Konzentrationen eingetretene Pflanzenschäden zu quantifizieren und
d) inwieweit lassen sich Aussagen über die Reichweiten von Immissionswirkungen im Territorium machen.

Die unter a bis d aufgeworfenen Fragen lassen sich durch ein von uns erprobtes System von Untersuchungen klären. Inwieweit Immissionseinflüsse in ihrer Wirkung auf die Ertragsleistungen von landwirtschaftlichen Nutzpflanzen im allgemeinen und bei den Getreidearten im besonderen eine mindernde Funktion ausüben, ist nicht ohne weiteres zu ermitteln, zumal neben der Sortenwahl, Kulturmaßnahmen, Düngung usw. noch zahlreiche andere Primär- und Sekundärfaktoren, wie z. B. Krankheits- und Schädlingsbefall sowie die — auch in Immissionsgebieten — bei Getreide angewendeten „Wuchshemmungsmittel" (CCC-Präparate), zu berücksichtigen sind.

Aus diesen Darlegungen geht hervor, daß in Gebieten mit landwirtschaftlichem Pflanzenbau zur Erfassung von Immissionsschäden an die Stelle von „Großraumdiagnosen" — „Lokaldiagnosen" treten, die von den „spezifischen Immissionslagen" der Industriebetriebe ausgehen.

Der Landwirtschaft stehen im Gegensatz zur Forstwirtschaft vielseitige Möglichkeiten zur Verfügung, die Pflanzenproduktion den Industrieverhältnisssen anzupassen. Diese Möglichkeiten schließen agrotechnische, betriebswirtschaftliche und pflanzenbauliche Maßnahmen ein.

Die Feldversuchsstation für Immissionskunde im Kombinat VEB Chemische Werke Buna in Schkopau hat in diesem Sinne Anbauverfahren erprobt, die zur Hebung der Bodenfruchtbarkeit unter Immissionsbedingungen und damit zur Sicherung sowie Steigerung der landwirtschaftlichen pflanzlichen und tierischen Produktion in Immissionsgebieten der Industriebetriebe beitragen.

Bei den zu prüfenden Verfahren war von unserer Erkenntnis auszugehen, daß die landwirtschaftlichen Kulturpflanzen mit abnehmender Hydrophilie gegen die Einwirkung von SO_2 anfälliger werden.

Dies trifft auch für jene landwirtschaftlichen Nutzpflanzen zu, die von Natur aus keine hohe Assimilationsneigung aufweisen.

Es ist abschließend darauf hinzuweisen, daß die in industriellen Ballungsgebieten sich mit wesentlichen Konzentrationsschwankungen bildende SO_2-Grundbelastung (Abb. 6) auf die Erträge der landwirtschaftlichen Nutzpflanzen keinen Einfluß hat.

Sich auf die Höhe der Erträge in der Landwirtschaft auswirkende Immissionseinflüsse beruhen stets auf Schadwirkungen durch hohe SO_2-Konzentrationen, die u. U. bei Inversionswetterlagen mit sehr geringer oder keiner vertikaler Turbulenz eintreten können.

Literatur

[1] Auersch, O., (1963) Immissionsschäden durch Schwefeldioxid (SO_2) im Obstbau. NDO Nr. 2 (DGP 5).

[2] Pelz, E., (1959) Untersuchungen über die Fruktifikation rauchgeschädigter Fichtenbestände. Vortrag auf der internationalen Arbeitstagung forstlicher Rauchschadensachverständiger in Bochum, 1959.

[3] Zahn, R., (1970) Wirkung von Kombinationen unterschwelliger und toxischer Schwefeldioxid-Dosen auf Pflanzen. Staub — Reinhaltung der Luft, Bd. 30, Nr. 4, S. 162/164.

[4] Auersch, O., (1965) Immissionsschäden im Obstbau durch Schwefeldioxid (SO_2). NDO Nr. 8.

[5] Dgl., (1974) Wissenschaftliche Ergebnisse aus der Feldversuchsstation für Immissionskunde im Kombinat VEB Chem. Werke Buna. Technik und Umweltschutz, H. 5.

[6] Börtitz, S., (1974) Bedeutung „unsichtbarer" Einflüsse industrieller Immissionen auf die Vegetation. Biol. Zbl. **93**, 341—349.

Weitere Literatur

Dässler, H. G., (1962) Die Einwirkung von Schwefeldioxid auf verschiedene Pflanzeninhaltsstoffe. WZ der TU Dresden 11.

Garber, K., (1967) Über den Flurgehalt von Pflanzen. Qualitas Plant. et Mater. vegetab. 15: 29—36.

Auersch, O., (1964) Gedanken und Hinweise zum Anbau von Erdbeeren in Immissionsgebieten. Nr. 7 NDO.

Dgl., (1967) Zur Beeinflussung der Obstgehölze durch Immissionen. Der Erwerbsobstbau. 9. Jg. H. 8, S. 153—156.

Dgl., (1973) Aus der Arbeit der Feldversuchsstation für Immissionskunde. Technik und Umweltschutz. H. 2.

Dgl., (1973) Pflanzenschäden durch Immissionen. Vortrag auf dem II. Symposium für Nachwuchswissenschaftler. d. Biol. Ges. der DDR.

FSC
www.fsc.org
MIX
Papier | Fördert gute Waldnutzung
FSC® C083411

Zeitfracht Medien GmbH
Ferdinand-Jühlke-Straße 7
99095 Erfurt, Deutschland
produktsicherheit@kolibri360.de